心地いい
わが家の
つくり方

01

LIFE INTERIOR
インテリアの基本

小家
越住越美

【日】主妇之友社　著
徐昕彤　译

悦生活

中国轻工业出版社

设计

山本洋介、大谷友之佑（Mountain Book Design）

插图

松原光、Yunosuke

摄影

主妇之友社摄影科、石川奈都子、石黑美穗子、宇寿山贵久子、瓜坂三江子

卫藤キヨコ、片山久子、川隅知明、木奥惠三、坂上正治、坂本道浩

佐佐木干夫、铃木江实子、砂原文、泷浦哲、多田昌广、干叶充

出合コウ介、丰田都、中川正子、永田智惠、中西ゆき乃、西田香织、林ひろし

原野纯一、藤原武史、松井ヒロシ、松竹修一、宫田知明、宫泽佑美子、山口明

山口幸一、奥莱丽·勒耶（Aurelie Leuyer）、布莱恩·费里（Brian Ferry）

协助取材

ing design前田久美子、木又来（Wood You Like）、色彩生活（Colorworks）

川岛织物晟坤（Kawashima Selkon）、史丹利家具（Stanley's）

小泉照明、北欧家具（Scandinavian Living）、东装窗饰（Toso）

日本室内纺织品协会（Nippon Interior Fabrics Association）

法国床具（France Bed）、町田学园（Machida Academy）

目　录
CONTENTS

CHAPTER 6

开一盏灯，照亮我和家人的生活
——室内照明的基本规划

CHAPTER 7

明月装饰了你的窗子
——临窗布局的基本要点

CHAPTER 8

爱生活，就会爱上家
——布置家，享受我的"爱好"

CHAPTER 9

经典设计与家装用语

CHAPTER

1

高松的家
我爱品位

近藤的家
我爱绿色

丸山的家
我爱艺术

家应当是我爱的样子

——由爱打造的室内装潢

我希望每天都能看到自己"喜欢"的东西，感受它们的陪伴！
三个融入了主人"爱好"的心仪之家。

我爱 *艺术*

丸山的家

理念：艺术　地区：日本东京　房屋面积：78.1m² 户型：一室一厅　家庭成员：2

不放过任何每天近在眼前的手边事物，

才能追求设计的精益求精。

无论是艺术品、室内装饰，还是日用品，都要讲究细节。

三楼起居室的墙上挂着"Hand & Eye Letterpress"的主题海报、西馆朋央制作的拼贴画与古贺充的摄影作品。旁边高大的黑色合金窗，由大原温进行设计与安装。

起居室

（上图）用"SAT.PRODUCTS"的角撑架，在起居室的白色墙壁上安放置物板，精选尺寸适中、搭配室内格调的"Tivoli Audio"流金岁月收音机。

（下图）沙发为"瑞典家具之父"卡尔·马尔姆斯登的作品，购于目黑区的"HIKE"。木制垃圾桶为来自北欧的复古家具。筒井淳子将室内拍摄出了美轮美奂的感觉。

（上图）微型厨房布置成操作室一般。入住后，两人又按照生活习惯在厨房中添置了置物架与壁挂。

厨房 （左下图）收纳碗碟的隔板高矮组合，便于取放。

（右下图）在德式复古置物架上摆放经常使用的调料、"欧克斯"厨房纸巾盒与"宜家"刀架。

"想要将卧室营造出与其他房间不同的氛围"，于是，丸山在灰色调的二楼卧室中挂上了畦地梅太郎、小板桥雅、西淑和fancomi的版画与插画。

在这栋每层建筑面积不到23m²的三层建筑中，一点点摆满用心搭配的艺术品和日用品

美术设计师丸山晶崇与插画师系乃的二人之家，是一间每层不到23m²的三层小楼。他们将自己喜欢的艺术字、粘贴画与照片等艺术作品，装饰在三楼顶高4米的客厅和二楼的卧室里。

"受工作的影响，我十分喜欢富有艺术气息的东西。我认为这些作品都是艺术家自身的一部分，于是我买下了它们，希望每天看到自己'喜欢'的东西，感受来自它们的陪伴。"

为美术馆与画廊做美术设计是丸山的工作常态，对他而言，艺术刺激而诱人，是生活中不可或缺的东西。

"也许我不会在意这件物品的价格，也不在意它是否出自名家，我更多是从设计的角度上去看，它是否能够吸引我，是否具有作为艺术品的美感。"

这种标准不局限于装饰在家中的艺术品，对家中的内部装修，大到门窗，小到家具与日用品，我都要精挑细选，享受生活。

"不放过任何每天近在眼前的手边事物，才能追求设计的精益求精。有一句话我很喜欢，'新的事物会很快变旧，但美的事物却亘古不变'。所以，自己会多去选择一些简单而耐用的家具，或是富有内涵的小装饰物。"

起居室的墙上装有让·普鲁威设计的"potence"系列悬臂壁灯，天花板上的壁灯正好照向沙发对面的置物柜，床头灯选择了设计师夏洛特·贝里安的作品。厨房里的开放式置物架为德国复古商品，浴室内的毛巾架是请他自己的一位作家朋友——关田孝将定做的，连放在玄关的鞋架，都经过了斟酌再三挑选。

"我觉得，在生活中慢慢去寻找这些点缀就好。现在，我家的墙上还有位置去放一些装饰，希望能遇到自己喜欢的艺术品，让自己享受装饰房间的乐趣。"

（左图）在一楼营造成休息空间的换鞋处，丸山没有选择可方便移动的鞋箱，而是钟情于"PUEBCO"的鞋盒。（中图）雨天用的晾衣杆也是请关田孝将定做的，晾衣杆上还吊有几株观赏植物。（右图）三楼起居室的里面，是一间将浴室、洗脸池、卫生间集为一体的宽敞房间，其中摆放的杯架也是来自国外的古董商品。

丹麦Eilersen公司出品的沙发、由木质面板与金属网筐搭配制作的异形桌、"钻石之椅"。橱柜出自"JOURNAL STANDARD Furniture"。

我爱 品位

高松的家

品位　地区：日本名古屋　房屋面积：112.4m²　户型：三室一厅　家庭成员数：2

珍藏的古董与手工艺品、在海边或山间拾到的有趣的东西、
旅途中留下回忆的纪念物等，
这类富有趣味的物件可用作室内装潢。

餐厅与厨房

（左上图）北欧品牌"muuto"的圆形挂钩上挂着围裙与袋子。（右上图）将干花束系在木枝上，营造出一片微型花园。小玻璃罐由装咖啡豆的罐子加上麻绳编制的盖子倒置而成。（下图）餐椅选择了英国品牌"Ercol"与伊姆斯休闲椅两相组合。长柜台式餐桌便于用餐后的收拾整理。

厨房与水槽都是来自从前
的家。"Tsé & Tsé"品牌
的金属碗碟收纳柜中摆满
了"FireKing"的玻璃杯，
形成一片清爽的绿色。

工作室

（上图）"想要创造出一处富有少女情怀的杂物堆放空间"，于是就在法式三面镜的碎裂处贴上一些有趣的卡片。（下图）窗边摆放的复古样式玻璃瓶中，主要放一些小巧的手工艺品。

我想为眼前的事物而喜悦，今后我要好好享受在这里居住的日子。

"我喜欢那些有意思的东西。例如，独有韵味的古董或是手工艺品、富有工业气息的东西，还有在海边或山上捡到的小玩意儿。"高松这么说道。她和自己的先生在2014年秋天为二人之家做了改建。将墙刷成白色，厨房与客厅分隔开来，并在墙上安装了黑色涂装板，室内装潢样式简约，可以自由摆放自己喜欢的东西。

"20年前，我接触了美国复古品牌'FireKing'，从此一发不可收拾。之后我还喜欢上了法国与意大利的古董商品。"

"古董对我有一种吸引力，我很沉迷于想象它们从前的主人。看到它们能够被完好无损地保留至今，我感到十分开心，也喜欢它们的独一无二。"

"我从家居商店、国外的家装网站与旅行住过的酒店中借鉴了一些元素，运用到自己家的装饰风格中来。只要遇到了喜欢的东西，我就会马上去网上搜索它的关键字。如果可以自己制作，我就会自己去做，能买到的话，即使去海外超市也要买到，有时还会从拍卖会上拍下一些东西。"

起居室内将丹麦品牌"Eilersen"的沙发与荷兰的异型桌进行搭配，餐厅中则摆放"Ercol"牌餐椅与伊姆斯休闲椅，厨房中使用"科勒"品牌的陶瓷水槽，与"Tsé&Tsé associées"品牌的碗柜。绿色植物与干花，整段的树枝都为简洁的房间增添了色彩。几张海报上的艺术字，字体由丹麦的"PLAYTYPE"字体设计店与纽约布鲁克林的"Holstee"公司设计，更加吸引眼球。"最近，国外一些儿童房间的配色也让我着迷，我一直期待着能够住在那样的房间里。"

"像这样'让人怦然心动的东西'都令我雀跃不已，现在，我仍旧沉迷于眼前这些'令我心动'的装饰物。"

（左图）出自"TOTO"品牌的洗手池，样式简单，上方安装着与工作室内同样的复古式三面镜。（中图）"我在卫生间里摆放鲜花与熏香，让人站在镜子前时能够感到心情愉悦。"（右图）"'GROOVY MAGNETS'的兔子墙纸，让人印象深刻，在国外只看了一眼，我就再也无法忘记它了。直接下了订单，让商店将它从比利时寄送到了日本。"

我爱 *绿色*

近藤的家

理念：绿色　地区：日本千叶　房屋面积：126.1m²　户型：四室一厅+阁楼　家庭成员数：3

将家中各处都栽培绿色植物后，
连身体状况都不可思议地开始转好了。
我觉得植物具有一种治愈人心的力量。

近藤义展与友美小姐夫妇二人提议，在家中摆放一些多肉植物。他们将二楼的工作室设计为展厅式的开放式空间，桌椅皆为英国制的古董复刻版，购于中目黑的"Chambre de Nîmes"。

工作室 （左图）这幅完全用彩色铅笔绘制的画，由主人的朋友须田真由美所作。（右图）放置花盆的台子与花架都是义展的作品。

餐厅与厨房 厨房由建筑师设计建造，灰蓝色的墙上安装着上了漆的复古置物架。

（上图）几只古董玻璃瓶放置在一起，令人印象深刻。（下图）电脑桌为德国军队的旧物。房间深处的橱柜由日式衣橱加装金属配件制成，购自"SHOZO ROOMS"。

起居室

大厅

从二楼的工作室通往一楼的楼梯井的，丝苇仙人掌水晶灯般从空中垂下，精美如同艺术品。阳光倾泻而下时，室内就像一个植物园，空气也更加清新怡人。

白色的房间与植物和古董很搭配。为契合绿色主题而打造的光与风之家。

2013年，近藤对房子进行了改建，将其中一部分设置为"TOKIIRO"（季色）多肉植物商店和一家小型咖啡厅。阳光由窗子倾泻而入，绿色植物舒展着它们的枝叶，生机盎然，将这一至三层贯通的空间变成一片城市中的绿洲。

"为了完成光合作用，植物们在室内也需要阳光和水分。我需要做的则是控制好光照时间与浇水的比例，掌握这一比例，才能让它们正常生长，适当通风也很重要。"

为了让植物接受更多的阳光，二楼的工作室安装了未经防紫外线处理的玻璃。天窗上安装着风扇，一年四季尽可能地保持通风。

"虽说夏天会热得像没开空调一样，但对家中进行改造之后，身体却更加健康了。"

近藤在9年前邂逅了多肉植物。他在长野八岳俱乐部里买下了学习制作花环的书，并帮友美制作了一个多肉植物的花环，就这样，他与多肉植物结下了不解之缘。

"我和妻子都是能把买来的植物养枯的人，妻子在看到我第一次做的花环之后十分惊喜。抱着让她更加开心的想法，我不知不觉就沉迷于多肉植物了。"

我家后院摆放的全是各种各样的多肉植物，如果放在门口，便会在邻里间引起新的话题。这种话题越传越广，我家便逐渐聚集起人气，于是我们开始做起了多肉植物的生意，不知不觉间，我的爱好便发展成了事业。

近藤家最吸引人的一点就是他对立体空间的运用。利用楼梯井的空间，再使用绳子与S型挂钩这些辅助工具，将植物悬挂起来，形成独特的景观。个别小巧的盆栽也十分惹人喜爱，作为点缀搭配其中，尤为精妙，展现出生机勃勃的另一面。

"人们想要心情舒畅，比起站在高楼的瞭望台俯瞰，其实更希望看到山与海这样的自然景观。我认为，人们更想感受到地球或者说大自然的气息。见到绿色植物，就会感到内心平静，与植物生活在一起，就会被它们治愈呢。"

这样充满植物与生机的家，是能够使人身心放松的地方，令人向往。

（左图）丸山提议，连同盛放植物的器皿也一同设计摆放，几年前便请陶艺家按照夫妻二人的想法制作了这样的器皿。这样月牙状的器皿也是"TOKIIRO"的独创设计。（中图）大门前安置的小架子是几年前就做好的。"多肉植物的叶子也会变成红色。我想在一年四季都能欣赏到它们不同的样子。"（右图）坐落于安静住宅区中的"TOKIIRO"。其标志便是白色墙壁与灰色的大门。

我爱⋯

↓

喜欢的事物
FAVORITE

×

喜欢的风格
STYLE

×

家人
FAMILY

×

每一天
DAY BY DAY

↓

基础

家装的基础

家装风格、配色、家具、
照明用具、窗户、厨房、
装饰物等

生活家装

LIFE INTERIOR

家装已经逐渐融入我们的生活，让我们每天都享受着由家
人"喜欢"的事物营造出的氛围。在精心设计的家里生活，
让人感到舒适而愉悦。

由「爱好」开始，打造「我理想的家」——

CHAPTER

2

英国乡村风

你喜欢吗?

北欧风

做自己家的风格设计师

——室内装饰的基本风格

依照"喜好",分出不同的家装风格,细说 12 种家装风格特征。

从"色彩""款式""材料""质感"四个要素,

帮您找到自己理想的风格,并教您如何打造这样的家装风格。

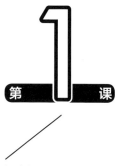

打造出不同于他人的
独特房间

先找到爱好，再确定风格

例如，很多人都"喜欢咖啡厅"，但"风格"
却各不相同。

爱好（咖啡厅）
✕（家装）风格
→ 生活家装

例如"我喜欢艺术"、"我喜欢自行车"、
"我喜欢美食"……在找到家里每个人的"爱
好"之后，接下来就该研究"我究竟要塑造一
个什么风格的房间"这个问题了。

例如，人们都"喜欢咖啡厅"，但是，有
人喜欢自然风的咖啡厅，有人喜欢和式的咖啡
厅。两者不同的氛围造就了"装修风格"的不
同。在喜欢自然风格室内装潢的人中，又分
为喜欢艺术与喜欢户外风格的人等。将"家人
各自喜欢的事物"与"喜欢的风格"相结合，
就会创造出无限的可能。由此，将这些因素整
合到一起，就能够打造出属于你的，独一无二
的家。

自然风格咖啡厅

餐厅内以白橡木制餐桌为主，又以木材与瓷砖为主材料，营
造出自然的风格。

工业风格咖啡厅

利用从被拆解的老旧建筑物中挑取出的可二次利用木材和老
旧灯具等不加修饰的素材，打造出工业风格的空间。（吉川
家·大阪府）

法式风格咖啡厅

房间的墙壁经过涂装，又装有横梁，黑色的小部件尤为亮眼，整体采用高雅的法式装潢。（M先生的家·神奈川）

北欧风格咖啡厅

由阿尔托所设计的餐桌、"Louis Poulsen"品牌的吊灯与木制天花板等设计，营造出北欧风格的空间。（相田家）

古典风格咖啡厅

兼具红茶教室功能的起居室，以乔治五世时期风格进行搭配。房屋整体给人以英国宅邸的感觉。（谷内家·富山县）

现代日式风格咖啡厅

将原为农舍的民宅进行改造，将其变为充满日式住宅风格的空间。餐桌上摆放着属于作家的餐具。（小菅家·兵库县）

理想家装的六个原则

想要打造出既华丽又让人感到放松，并且始终光鲜明亮的房间，就让我们一起来学习一下家装的基本原则吧。

原则 1

发现自己的
"爱好"

每个人都有各自喜欢或重视的东西，将其运用到家装领域，将会获得意想不到的效果。如果一家人都对美食非常感兴趣，不如将客厅中的沙发改为一张大桌子，对钓鱼感兴趣的人也不妨在起居室内装饰一些钓具。家中的装饰如果能让人一眼看出主人的爱好，非但不会让人感到违和，而且会令人觉得奇特有趣。就让我们先从发现自己与家人的爱好开始吧。

核对清单

☐ 我的爱好是什么（室友或家人的爱好也包含在内）？

☐ 配合这些爱好，我是否有需要准备的东西（针对爱好所准备的用品，及如何摆放）？

☐ 我希望这些自己喜欢的东西带来怎样的享受（我想设置什么样的享受空间，需要几人陪同）？

原则 2

发现自己的
"风格"

在装饰房间上，室内装修与家具自不必说，就连日常用品和一些零碎杂物都要由自己一一挑选，逐渐累积和完善房间内的细节。现在的设计种类繁多，所以选择自己喜欢的家装风格十分重要。想要一个适合自己的家，是需要根据自己的生活习惯来慢慢打造的，这是一个长期推进的过程。如果事先没有打好基础，家的内部装潢就会变得不那么协调统一。于是，便需要考虑好家人的喜好与自己今后的生活步调，找到适合自己的家装风格。

核对清单

☐ 我喜欢什么样的装修风格（参照34~50页的内容）？

☐ 家里其他人喜欢什么样的装修风格（了解家中其他人的爱好也同样重要）？

☐ 我理想的装修风格是否适合我的生活方式（例如是否有精力收拾房间、保养家具等）？

原则 3

考虑家庭成员的数量和
家庭的生活方式

为了找到最适合自己家的装修风格，必须要考虑到，所喜爱的设计是否与家中设施的功能产生冲突。首先要在日常生活中考虑自己的家需要具备怎样的功能。例如，在决定起居室与餐厅的配置时，需要确认家庭成员的数量和年龄、家人更习惯于如何就餐，以及希望怎样与家人团聚，还要设想家中来访客人的频率，以及您平时如何招待客人等。将这些设想纳入考虑之后，应该就能选择出合适的装修配置方法了。

核对清单

☐ 家里通常有谁会使用这个房间，他们的年龄如何（都有谁会如何使用这个房间）？

☐ 房间的用途是什么（如何利用这个房间生活，如果是客厅与餐厅，客人来访的频率如何）？

☐ 使用房间的人是否能够放松和享受（家人的喜好以及他们平时如何放松自己）？

家装规则

原则 4	原则 5	原则 6
考虑家装元素的 平衡问题	考虑家装用品的保养与 使用中的便利程度	预算有限的情况下要考虑的 优先次序

家装元素是指房间的内部装潢与家具、窗帘、照明设备等作为装饰物的个体（构成家装的要素）。单一部分即使做得很完美，但如果不能与房间整体和谐搭配，也无法将其完美更好地体现。所以，比起单个部分的精巧设计，房间内整体的搭配（协调感）要更为重要。在置办新的装饰物时，要考虑它与家中现有的装饰是否搭配，设计与尺寸是否与家中风格一致。

在生活中，会有不注意使用方法，因而弄脏或损坏家具或日用品的时候。另外，根据材料与使用工艺的不同，家具的耐久性也各有不同，每一种物品都有它的优点和缺点。在选择家装用品时，要充分了解它们的材料与使用工艺，根据自己的情况做取舍。
家具的摆放与尺寸也要注意。一张床即使再精美，如果占据了卧室的整个空间，整理起来也会很麻烦，更没有办法体现优点。因此，要选择符合自己生活习惯的家装用品。

即使预算有限，也不能在所有用品的选择上都妥协。如果家中摆放的全都是自己不那么喜欢的东西，很快就会对自己的房间产生厌烦情绪。决定一个优先顺序，然后一点点，慢慢地凑齐自己想要的东西吧。自己手工制作架子或其他用品，或者寻求有效的省钱方法，也是一种很好的选择。
没有必要将预算平均到每一件用品上，将资金用在自己最需要的地方，就算节省其他的花销，也可以在心理上得到满足。

核对清单

☐ 家具与窗帘、照明设备等设施的设计与材料、配色从整体上看是否保持协调统一？

☐ 家具的尺寸与颜色是否与房间的面积、家人的体形等相符？

☐ 窗帘、墙纸、地板材料的颜色与花纹是否符合房间的尺寸？

核对清单

☐ 家装用品的材质、制作工艺与保养方法与我的生活习惯是否相适应（是否是需要经常保养的家装用品）？

☐ 生活中是否能够呵护好家装用品（是否会对其材质与表面设计造成损伤）？

☐ 家装用品是否易于清扫（家装用品摆放位置是否易于使用吸尘器或其他清扫机器有效清扫）？

核对清单

☐ 我打算在家装上花费多少钱（请列出总数与花费在各个部分的比例）？

☐ 如果需要慢慢凑齐家装用品的话，我会从哪一件开始买起（列出优先顺序）？

☐ 购买前要考虑到用品的使用时间（比较其价格与使用时间，与对其的喜爱程度）。

装修成功与否的
关键步骤

如何找到并实现
自己想要的风格

要打造自己理想的风格，首先在脑海中形成
一个大体印象，再考虑选择每件用品的要点。

我的风格

在简洁·自然风格的基础上摆放自己喜欢的物品

设计感十足的开放式书架，采用质感一流的白橡木，设计简
洁明快，摆放的都是家人喜欢的小物件。（木村家·冈山县）

思考自己具体喜欢什么样的材料与设计

既然决心去打造一个家，那就从发现"自
己的风格"开始吧。家装风格分为很多种，每种
风格都给人独特的印象与氛围。将这样的氛围具
象化，便能得出构成整体家装的每种产品的"色
彩"、"款式"、"材料"与"质感"。

例如，即使确定了自己的风格是自然风，
也不要草率地把"我就是喜欢自然的东西"这样
的话挂在嘴边。因为，即便是自然风，从最柔和
的自然风到最粗犷硬朗的自然风也分为很多种。
并且，对自然风的感受也因人而异，即使喜欢的
风格相同，各人在家装上的表现也千差万别。所
以，想要打造自己理想的房间，就必须将自己喜
欢的风格在色彩、款式、材料与质感这样的细节
上做具体的安排，例如，"家具的颜色要明亮一
些，想要线条粗犷的手工作品风格，用橡树一类
木纹明显有质感的材料"。

"认知到不同"才是具有独特品位的人

具有独特家装品位的人，往往在看到商品目
录时就能做出最好的选择。这是因为这些人清楚
自己想要的家装风格（自我风格），并且具有分
辨每样产品的特征与优缺点的能力。有许多看上
去相似的家装用品，其实风格不同。这种鉴别的
能力，对做搭配有很大帮助。

家装风格与自己的生活方式也是有直接联系
的。例如，自然风格就是要欣赏木材长年累月的
变化过程，想要设计出这样的风格，需要享受保
养它们的乐趣，品味它们历经岁月的沧桑感。想
要设计好自己的房间，仅仅有对设计的憧憬与热
情是不够的，更要从自己理想的生活方式中找到
自己的风格。

决定家装样式的四个要素

从"色彩""款式""材料""质感"四要素分析，便于更清楚地了解您需要选择的部分特征。

不仅是色卡上的颜色。每种颜色还根据深浅与鲜艳程度，形成它们不同的特性，给人以不同的印象。

色彩不仅仅包含红、橙、黄等这些简单的分类，例如，红色分为明亮的红色与深沉的红色、鲜艳的红色与暗淡的红色、自然的红色与人工的红色、活泼的红色与稳重的红色等。不同的颜色有其独特的个性与不同的印象，将不同颜色进行组合，选择不同的配比，就能为家装带来不同的氛围。

按照款式与线条分析家具、灯具、把手等用品的特征，能给人带来不同的印象。

款式就是指家具或灯具的轮廓线条、细节与装饰组成的整体形态。线条与形态的样式有很多，面或线、粗或细、直线或曲线、自然形成的线条或是人为加工的线条，等等。这些特征会给人带来不同的印象，所以，必须要挑选能够表现出自己理想风格的形态。布艺品的花纹与图案也需要仔细选择。

选用不同的材料也会给人不同的印象。例如，用料为自然材料或是人工材料；用料的质地柔软或坚硬。

家装用品的材料中可以分为木材、硅藻土、棉花等源于自然界的材料，以及塑料与合金等人工合成的材料。又可分为木材与棉麻布等质地松软的材料与石质和铁质等质地坚硬的材料。依照理想中的风格去挑选材料，就可以打造理想的家。

同一种材料采用不同的工艺，也会生成截然不同的质感，使用不同质感的材料，室内装修也会给人带来不同的印象。

以室内装潢或家居中使用的木材为例，同为木材，有凹凸不平显现其自然纹理的木材，也有被切割平整以展现工匠技艺的木材，未经涂装的哑光原木与经过涂装的光滑漆木也有区别，各式各样不同的质地也能为家装带来不同的氛围。虽然这样的细微之处经常被人忽视，但却是决定房间风格的重要因素。

	色彩	款式	材料	质感
"四要素"的不同风格举例				
自然风格	茶色、原木色、材料的本色、自然界中的颜色	自然的曲线	木材、陶瓷、麻织品、自然界中的材料、手工艺品	手感粗糙、凹凸不平
乡村风格	做旧的深原木色、飞白色	自然的曲线、更有沉重感	老旧木材、砖瓦棉花、自然界中的材料、手工艺品	手感粗糙、凹凸不平
简约风格	白色、材料的本色、金属色、灰色系颜色	较多直线、高度较高	钢材、玻璃、塑料等人工材料	光滑平整
现代风格	白、黑、金属色、鲜亮的颜色	较多直线、高度较高、线条干练的	钢材、玻璃、皮革、石质、混凝土	光滑闪亮
古典风格	茶色、黑色、深蓝色、沉着稳重的颜色	较多曲线、高度较低	木材、皮革、羊毛、丝质	光滑流畅
日本及亚洲风格	茶色、原木色、自然界中的颜色	较多直线与自然的曲线	木材、土、兰草、紫藤	粗糙、哑光

自然风格

NATURAL

**多用木材、土、皮革、麻织品等自然界中的材料，比起色彩，
自然风格更注重质感。**

运用整根未经加工的木材作为横梁，地板木材保留木节花纹，整个装潢中带着木质的温暖。

四个要素

色彩 COLOR

原木色与陶土色、材料的本色等

原木色与陶土色、棉麻的本色、植物的绿色、大地色等材料原有的颜色，或是使人联想到这些材料的颜色。

材料 MATERIAL

木材、土、皮革、石材、陶器等自然材料

木制品为采用削薄工艺的实木地板。织物采用棉麻等天然纤维。此外还运用了硅藻土与陶瓷地砖。

款式 FORM

未经设计的雕琢的曲线与直线

不平均，不规整，树木枝干突起处的自然曲线，与未经修饰的自然的直线。

质感 TEXTURE

简单工艺，凸显工艺材料本身的质感与自然氛围

木材与皮革上不使用聚氨酯类涂层，而采用天然的油脂与石蜡抛光，得以感受天然的粗糙质地，与天然材质凹凸不平又流畅的手感。

家装单品

带有木纹的自然系床品

枹栎木制的床板，利用木纹作为别致的设计点。钢制床腿，创意别致。"GOORIS BED" 102.4cm×211cm×82.5cm（宽×深×高）/CRASH GATE

享受皮革别致的触感

纯天然白蜡树框架与脱脂牛皮坐垫组合而成的沙发。"DELMAR SOFA" 195cm×85cm×76cm（座高42cm）（宽×深×高）/ACME Furniture

"越用越有味道"的桌子

橡木拼接成的桌板，不采用任何涂漆，手感贴近自然。"JARVI DINING-TABLE" 200cm×90cm×72cm（宽×深×高），/SlowHouse

优美的环形靠背木质"Ercol"座椅

1920年创立的英国家居品牌"Ercol"，将该公司热门商品温莎椅开发为两人座长椅。117cm×53cm×77cm（座高42cm）（宽×深×高）/DANIEL

自然风格的特点，就是大量使用木材与泥土等自然材料。较之色彩，更看重自然材料的质感。设计上讲求轻松舒适，不求标新立异，深受各年龄层的欢迎。

在家具与床板这样的木制品上，采用原木削薄工艺与哑光涂漆，织物适合用棉麻等天然纤维，或搭配自然风格的化纤材质，色彩为材料本身的茶色与绿色等等，用材料本色组成的大地色系为整个房间的基础配色。虽说一概称为"自然风格"，但每个人对于自然风格的认定是不同的，例如，有简约的自然风格，也有温暖的自然风格。

自然风格原本是指只用圆木与石材构成的山间小屋似的家装类型。但是，由于需要适应都市生活的习惯，于是，现代家装的自然风格便只保留了自然材料的质感。设计上尽量少使用切割出来的笔直线条，只是运用简洁的工艺，凸显其未经修饰的自然感。令人感到舒适畅快的自然装修风格，正逐步成为主流。

 搭配示例

加入了原生态冲击感的自然风

采用旧木材与皮革等质感别致的材料，与石材、铁制品等坚硬材料组合，给人以极强冲击力的自然家装风格。（大森家·东京）

加入了高雅线条的温和自然风

墙壁采用色彩温和的硅藻土涂装，搭配小巧吊挂灯泡，形成给人以柔和印象的自然风家装风格。（山口家·山梨）

简约风格

SIMPLE

整洁百搭的都市干练风

除去色彩明亮的复合地板以外，室内大多采用白色家居用品，宽敞明亮的起居室。（MUJI男与MUJI子的家）

四个要素

色彩 COLOR

白色与米黄色等"无性格色"与冷色系

白色与本色，米色与银色等等"无性格色"；给人以明亮轻快感的颜色；少许绿色与蓝色。

款式 FORM

细直线与简单的人造曲线

洗练、均匀的直线，简明的细直线，经过设计的简约的、人造曲线，整齐的平面。将设计感压缩到最小的简约风格。

材料 MATERIAL

掩盖住木纹的板材与铁制品，瓷砖

木材采用木纹不明显的树木与胶合板作为材料。铁质与合金、塑料、瓷砖、涂漆、玻璃、化纤等。

质感 TEXTURE

弱化木质感，采用平整的铺装工艺

木材经过喷漆与聚氨酯类涂层，弱化原本的纹理。表面光洁，毫无斑驳，铺装平整，手感光滑。

60年前备受欢迎的置物架

N·STRING，1949年设计生产的STRING系列置物架的复刻版。"STRING POCKET"60cm×15cm×50cm（宽×深×高）/SEMPRE HONTEN

百搭的普通款式

舍去一切不必要的装饰，只保留其作为桌子的最基本功能。设计看似普通，实则简洁明快。纯橡木制，采用涂装工艺。"DTT DINING-TABLE"160cm×85cm×72cm（宽×深×高），/FILE

简约风格的特点，就是省去华丽的装饰品与复杂的线条，突出其简洁洗练之美。室内设计整体协调而不突出某一点，使得各项室内装饰达到相互协调，完美搭配。整个房间整洁明亮，注重实用。简约风格与都市生活节奏相符，是近期新式公寓中普遍采用的风格。

家具与床板的木材大多采用光洁无瑕疵的合成木质板与薄木板，也使用胶合板，工艺平整（光滑）。钢材与玻璃，瓷砖与涂漆也多采用工艺，营造出光滑平整的质感。织物除天然纤维制品以外，人造的化纤也与整体房间氛围相配。

线条以简明的直线为基础，曲线部分则采用简洁单一的人工线条。色彩主要以白色、本色以及米黄等"无性格色"为主，还可使用浅绿、银色等金属色。整个室内整洁如一块白色画布，可以随意搭配自己喜爱的装饰物与家具，打造属于自己的空间。

多功能沙发

可供躺卧与日常休闲的宽型实用性沙发。需搭配沙发罩。"沙发椅"180cm×90cm×60.5cm（座高40.5cm）（宽×深×高）/无印良品

北欧家具设计名作

建筑师兼设计师A·Jacobsen的作品。"FritzHansenSeries7"（彩色白蜡木）50cm×52cm×78cm（座高44cm）/SEMPRE HONTEN

 搭 配 示 例

添加木制感的自然简约风格

线条简练的家具装饰和风格简约的涂装墙面，搭配给人以温暖印象的木制品，营造出干练与自然二者兼备的风格。（表先生的家·东京）

色调沉稳而和谐的高雅简约风

多采用直线与平面的高雅简约设计手法。深棕色的家具则加重了这一高雅印象，风格成熟稳重。（引田先生的家）

乡村风格

COUNTRY

模仿陈旧朴素的乡间民居，营造温暖的氛围

质感

款式

材料

老旧木材制成的粗而结实的房梁、陶制地砖、常年使用的家具等，营造出陈旧乡间民居的氛围。（武江家·新潟）

〰〰〰〰〰〰〰〰〰〰〰〰〰 **四个要素** 〰〰〰〰〰〰〰〰〰〰〰〰〰

色彩 COLOR

自然材料的颜色与陈旧感的颜色

木头与砖的茶色、土地的米黄色、石头的深灰色等来自大自然的颜色，以及使人联想到自然物质的颜色。陈旧的深色，带有飞白的浅色。

材料 MATERIAL

带有木节的木材、羊毛等朴素的自然材料

使用松木等带有木纹和木节的木材，陶瓷、土、石、砖、黄铜与锻铁，纺织品采用棉麻与羊毛

款式 FORM

复古的点缀与不拘一格的手工艺风格的设计

不拘一格的手工艺风格，不讲究质量稳定均一的工艺，古老而传统的装饰风格，圆润饱满的形状。

质感 TEXTURE

运用不同材料，塑造出粗糙有摩擦的手感

运用材料本身的质感，打造宛如未施涂装的工艺，具有手工质地的舒适的粗感。长年累月留下的陈旧感，粗糙而凹凸不平的手感。

法国制复古家具

仿照法国画家保罗·塞尚画室的窗框颜色，制成的"塞尚风"涂装家具。"from Provence desk"111cm×66cm×76.5cm（宽×深×高）/MOBILE GRANDE

乡村怀旧图案的沙发

复古款式的布面沙发。"剑桥街三十周年纪念椅"（fair thome natural）78cm×88cm×89cm（座高42cm）（宽×深×高）/LAURA ASHLEY

具有厚重感的乡村风格

使用旧松木制成的传统款式的桌子。"古松木制乡村餐桌"180cm×90cm×78cm（宽×深×高）/RUSTIC TWENTY SEVEN

白松木橱柜

宛如英国农家室内摆放的辘轳橱柜，球柄把手可替换。"简洁松木橱柜"90cm×45cm×80cm（宽×深×高）/RUSTIC TWENTY SEVEN

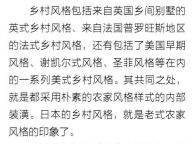

乡村风格包括来自英国乡间别墅的英式乡村风格、来自法国普罗旺斯地区的法式乡村风格，还有包括了美国早期风格、谢凯尔式风格、圣菲风格等在内的一系列美式乡村风格。其共同之处，就是都采用朴素的农家风格样式的内部装潢。日本的乡村风格，就是老式农家风格的印象了。

家具主要以欧式传统家具为主，再加上一些具有手工艺感的装饰物。家具采用松木与橡木等材料，加以自然光泽感的涂漆。内部装潢采用老旧松木等古老的木材，塑造独特的陈旧感。窗帘滑索与门把手等金属部件使用铁质或做旧的黄铜。织品则大多采用棉麻与羊毛材质，常常采用仿褪色或是黑白方格的图案。营造出温馨而悠闲的氛围。

‹ | 更 多 搭 配 示 例 | ›

朴素温馨的乡村风格

灰浆砌成的墙面，松木制的家具，单开的窗户上挂着手工制成的窗帘，营造出欧洲乡间小屋的氛围。（国方家·冈山）

具有女性特色的法式乡村风格

家具或由古老松木制成，与质感老旧，与未经修饰的朴素窗帘一同塑造法式乡村的风格。（藤田家·东京）

现代风格

MODERN

使用坚硬有光泽的材料，黑白色和直线型设计，
给人冷静沉稳的印象。

款式

质感

材料

铺满瓷砖的地面与黑色玻璃的墙面，棱角分明的线条，一起构建都市风格的家内装潢。（H先生家·东京）

四个要素

色彩 COLOR

黑白色与金属色搭配出鲜活的色彩

白色、灰色、黑色等低调色彩，搭配富有光泽的金属色、醒目的颜色等鲜亮颜色。

材料 MATERIAL

玻璃等坚硬的、无机的人工素材

木纹清晰简洁的木材和用涂漆遮盖木纹的材料、混凝土与玻璃等坚硬无机的材质、革物、织法紧密的织物，具有现代感。

款式 FORM

界限分明的直线、平面和人工制造的曲线

整个室内由界限清晰的直线、平滑的平面与人工制造的曲线构成。多使用素色与条纹。装饰重心更高，带来严肃感的款式。

质感 TEXTURE

质地均一，有光泽感，坚硬

具有光泽感，毫无瑕疵的制作工艺。高档而轻盈，质感光亮平滑。

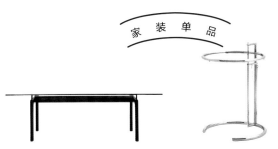

现代风格也包含多种不同的样式，其中代表性的就是意大利现代风格。由著名建筑师亲手设计的家具，首先能保证其设计的新颖性，并且作为一种地位的象征，被各界名流所推崇。沙发与椅子使用天然皮革等高级材料，餐桌则使用玻璃与镀铬钢等材料，多使用简洁而具有存在感的设计。美式现代风格，被称为20世纪50年代流行的世纪中期现代主义风格的再现。这种风格中的家具多采用由当时的新材料——塑料与合成板组合而成的实用性设计。

现代风格的共同点，就是由界限清晰的直线与平面以及人工制造出的曲线构成的设计。家具的脚大多偏细而重心高，造型严谨而刻板。多采用钢材与瓷砖、混凝土和玻璃等无机硬质的材料，质地有光泽。色彩为黑白色搭配鲜亮色彩，整体给人以干练的印象。

勒·柯布西耶等人的杰作

勒·柯布西耶等人设计出的作品。桌腿的钢管材质为当时飞机使用的金属。"LC6餐桌" 225cm×85cm×69cm~74cm（宽×深×高）/CASSINA IXC

兼具实用性与美观的名作之桌

艾琳·格雷的作品，可根据房间天花板高度而调节的桌子。"Adjustable table E1027" 52cm×64cm~102cm（底面×高）/hhstyle.com 青山总店

IXC的原创设计沙发

由建筑师D·科波菲尔设计的沙发，印象简洁轻快。"Airframemidsofa"（布面）68cm×61cm×67.5cm（座高43cm）（宽×深×高）/CASSINA IXC

珍品"GRAND COMFORT"的衍生设计

勒·柯布西耶、皮埃尔·让纳雷、夏洛特·佩里安的联合设计品。（皮革面）168cm×73cm×60.5cm（座高42cm）（宽×深×高）/CASSINA IXC

(‹)　更多搭配示例　(›)

加入上乘质感的自然现代风格

质感上乘的胡桃木餐桌与墙壁，与现代风格的家具，构成沉稳色泽与鲜亮色彩的结合。（Y先生的家·兵库）

明亮轻快的简约干练现代风

以白色与灰色为基调的安静空间。线条细腻轻快，内部装潢通透敞亮。（基先生家）

古典风格

CLASSICAL

以传统欧式装潢为基础，塑造出高雅的格调

质感

材料

款式

客厅主体以有150年历史的法国制壁炉台为中心，左右对称摆放精美的复古家具，给人以高贵典雅的感觉。（吉村家，福冈县）

四个要素

色彩 COLOR

使用实木与皮革的深邃茶色等高雅色调；

实木的深茶色与皮革色、深绿色与海军蓝、绛红色等深邃的暗色系，沉稳而高雅的浅灰色系等。

款式 FORM

家具曲线优美，直线稳重，左右对称

特有的欧式花纹，线条优美。曲则线条柔和，直则浑厚稳重，线条设计复杂，样式左右对称。

材料 MATERIAL

使用原木、大理石等天然的高档原料；

选用纹理精美的桃花心木与橡木、胡桃木等坚硬木材，织品采用经典图案与手工编织物，推荐天然纤维、黄铜制品与大理石材。

质感 TEXTURE

质量稳定，工艺精良，散发着工匠精神的自然光泽

木质坚硬，生产工艺稳定，精心的打磨与涂装，带来丰满自然的光泽与光滑流畅的手感。

家 装 单 品

沿袭传统的设计

高天花板的房间内使用的餐桌。
"NORTH SHORE DOUBLE
PEDESTAL TABLE" 112cm×
185cm·231cm·276cm×76cm
(宽×深×高)/ASHLEY
FURNITURE HOMESTORE

法式座椅

令人联想到浪漫的普罗旺斯地区，
复古涂装的女性化设计。"普罗旺斯
式" 51cm×57.5cm×92cm(座
高47.5cm)(宽×深×高)/Laura
Ashley

复刻版本的谢尔顿式家具

已故英国王妃戴安娜的娘家——
斯宾塞伯爵家的家具复刻版。
"乔治三世谢尔顿式书柜"约
85cm×43cm×216.5cm(宽×深×
高)/西村贸易

英国制扶手沙发

英国"Fleming&Holland"品牌的
契斯特菲尔德沙发。手工染制的皮革
"传家宝集锦·威廉·布雷克沙发"
三层式/小町家具

古典风格加入了欧洲传统建筑形式
与装饰风格的内部装潢。其样式特征依
国家与时代的不同而多种多样。较为流
行的是英国古典风格。十八世纪初，安
妮女王式家具中，大量使用"S"形的
猫脚设计，这种家具在日本也很受欢迎；
乔治五世时期的家具多使用桃花心木；
摄政时期风格则简单洗练；还有中和了
多种风格的维多利亚风格等。以高贵典
雅为代表的洛可可风格，是法国路易十
五时期的样式，后由法国传入欧洲各国
的贵族社会，其特征为雕刻与镶嵌象牙
的唯美工艺。

以上种类的古董及复刻版家具是
古典风格的主要代表，采取左右对称的
室内摆设，使用非人工合成的实木或皮
革，带给人高贵典雅的印象。

 更多搭配示例

优雅而偏女性化设计的风格

帷帘与挂轴使用有光泽的织物，房间内集合了各式各样的淡色，
搭配出贵妇的华丽感。(杉本家·东京)

细腻的家具线条打造高雅的格调

内部装潢色泽淡雅而高贵，采用了乔治五世时期的装修风格。(T
先生家·神奈川)

布鲁克林风格

BROOKLYN

复古与艺术的结合

布鲁克林位于纽约曼哈顿城区中哈德逊河的东岸，地理位置离曼哈顿城不远，居住花销却不高，于是这里成了年轻的艺术家们聚集的胜地，也正因如此，布鲁克林才能孕育出独特的文化，并得以发展。布鲁克林家装风格的特点是，不花费大量金钱去购入昂贵的单品，而是通过加工改造自己"淘"来的古董货，塑造出彰显自我风格的家装类型。多采用石砖与钢材，是因为当地住宅多建在工厂周边，形成了独特的粗犷质感。独有风韵的织品与复古家具以及各式各样的艺术品，都是布鲁克林风格家装的点睛之笔。

富有艺术感的砖墙上，张贴着巴士滚动站牌式风格的海报。灯具采用工厂内经常使用的样式，也十分抢眼。（千叶家）

二手的皮革旅行箱安上桌脚，制成独特的咖啡桌。（千叶家）

四个要素

色彩 COLOR

老建筑感觉的内部装潢与复古类型的素雅颜色

砖红色与铁黑色，钢材的银色，复古家具与皮革制品的茶色等，老建筑的内部装潢，富有怀旧气息的别致颜色。

材料 MATERIAL

陈旧的砖与皮革、铁材、钢材及天然材料

旧砖瓦与皮革、铁材、工业制品似的钢材、玻璃、老旧木材、合板等；羊毛、棉麻等天然材质。

款式 FORM

直线与简单的人工曲线

粗犷的直线，世纪中期现代主义风格的、简单的人工曲线，老旧而朴素的样式。

质感 TEXTURE

凸显材料本身手感与陈旧感的结实质感

旧砖瓦与铁材一类粗糙、凹凸不平的手感。历经多年而陈旧的质地、涂漆与其他工艺脱落后粗粝的表面。

西海岸风格

WEST COAST

适合海边居住的轻松活泼的风格

西海岸风格也被称作加利福尼亚风格家装，其特征为海滨风格，又偏好自然。室内充斥着户外运动与冲浪文化的气息，木材与钢材等材料经过海风常年侵蚀，涂漆剥落，显现出粗糙的质感。复古家具与手工艺品、民俗小物件等单品混合搭配，体现出自己的风格。大扇的窗户，将户外景色纳入室内，营造出休闲舒适的轻松家装风格。

河村家的起居室，房主经常去加利福尼亚。地板为旧木材，天花板则由涂漆的木板拼接而成。（河村家·神奈川）

娱乐室的一角放置着钢制小锁柜，还有冲浪板和滑板。（河村家·神奈川）

四个要素

色彩 COLOR

天然材料以及有褪色感觉的颜色

石头或木材、黏土等天然材质的颜色，被海风侵蚀得褪色的木头与钢材的颜色、复古斜纹布的浅灰色、植物的绿色。

材料 MATERIAL

天然材料与经年使用的材料

天然的木材、石材、黏土、棉花、皮革等天然材料；钢材；旧材料与复古风格的粗斜纹布等经年使用的材料；涂漆。

款式 FORM

朴素不施装饰的直线与简洁的曲线

简朴的直线，世纪中期现代主义风格的简单曲线，具有民俗风的原始样式，植物等自然样式。

质感 TEXTURE

天然的质感与粗糙而陈旧的手感

旧材料等物品的粗糙质感；天然石头的凹凸不平的质感；不施任何涂装工艺的原始质感。

工业风格

INDUSTRIAL

高冷的工厂与仓库式的粗犷风格

内部装潢由混凝土与木材打造，房间内由老旧铁质与木材、皮革制成的家具组合搭配，塑造出别有一番风味的家装风格。（寺西家·东京）

在天花板高而宽阔的空间内，有未加涂抹平整的混凝土墙面，以及可以赤足走上去的石灰与复合木地板。室内摆放着各种裸露的管道以及工具等物品，仿佛用工厂或是仓库工具改装，整体风格冷硬粗犷。

色彩方面，采用钢材与木质、混凝土等材料自身的颜色。采用经年使用过的复古家具与浸过油似的皮革之类有质感的物件，故意露出铆钉与螺丝，营造粗犷设计感也是工业风格特点。

将仓库与店铺内经常使用的意大利制金属组合架，用作家中的物品收纳柜。（N先生家·神奈川）

四个要素

色彩 COLOR

经年使用而变深的冷色调

木材与混凝土、铁材等材料的颜色;常年使用过而形成的别致的深色。

材料 MATERIAL

加入了天然材料的工业感素材，给人以硬冷的印象

纯木等天然材料。增添了格调的旧下脚料与皮革，具有硬度与重量感的混凝土，钢材，铁皮等具有工业感的材料。

款式 FORM

粗犷的直线、实用而结实的样式

仿佛工具一般，注重实用不加以装饰的粗糙直线似的设计；线条大多结实牢固，更多由平面构成，家具中心偏低，有重量感。

质感 TEXTURE

粗糙切割过的质感，突出材料本身的手感

利用材料本身的质地，采用工艺粗糙的切割方法打造出粗粝的手感。

手工艺风格

CRAFT

手工制作独有的温度

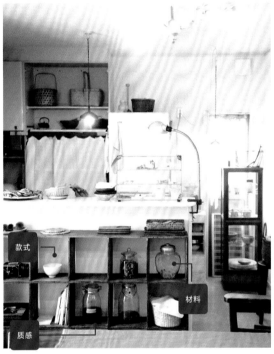

粉刷过的白色墙壁、自己制作的窗帘与置物架、在跳蚤市场上买到的二手摆件与老旧的玻璃瓶等等，手工艺风格透出一种温馨感。色彩上运用米黄色与天然材料本身的颜色，款式偏好朴素的类型。相对于色彩与款式上采取简约风格，在材料的选取上，则选用老旧材料与亚麻织物、白铁皮、竹子与藤筐等具有独特素材感的物品，突出这类材料也是手工艺风格的一大特征。自己动手打造整个家装，给人以精于打理生活的印象。

在简洁的开放式厨房中，搭配摆放着古董店里经常见到的木质橱柜与陈列柜，营造出温暖氛围。（三浦家·大阪）

用自己手工制作的小物品与涂漆改造和式房间，打造出一间自家里的工作室。（铃木家·埼玉）

四个要素

色彩 COLOR
米色与旧材料上具有温馨感的颜色

木材与白铁皮、竹子、干草、亚麻织物等材料本身的颜色；经过长年使用具有独特韵味的深色。米色与象牙白之类温和的颜色。

样式 FORM
简单的样式、纤细的线条

不加装饰的简洁的直线、朴素而别致的线条，类似手工艺品的简朴样式。

材料 MATERIAL
纯木与灰浆、竹子、干草、亚麻织物等天然材料。陈旧而增添了风韵的旧材料与白铁皮，不纯净的、还残留着气泡的老式玻璃。

质感 TEXTURE
保有天然材料本身朴素的质感

利用材料本身的质感；天然材料与老旧材料本身的朴素质感；常年使用过而变得柔软的质感；顺畅又粗糙的质感。

北欧风格

SCANDINAVIAN

温暖而精简化的线条，给人简约干净的印象

材料

质感

款式

阿尔瓦·阿尔托设计的餐桌、餐椅与搁板。餐厅中装饰有LIGHTYEARS公司的"P0 Caravaggio"系列灯具。（N先生家·神奈川）

这种风格也称为斯堪的纳维亚风格，从浅色胶合板制成的家具，到北欧的古董家具，加上摆放了自然风格的家装用品，无一不透出简约现代的气质。这种简约的风格得益于其线条设计，采用了直线与人工制造的曲线。在北欧风格的主题中，温暖而精简化的线条，经过温馨简约的风格设计，与都市简约的装潢完美搭配在一起。

丹麦品牌Hvidt&O.M.Nilsen的餐具橱柜打造精致的房间一角。（N先生家·神奈川）

四个要素

色彩 COLOR

深与浅的木材颜色，北欧国家自然风光的颜色

米黄色，焦茶色等木材的颜色；让人联想到北欧自然森林与湖泊的颜色。

材料 MATERIAL

天然木材与合成板，以及合金材料与树脂，等等

天然木材、合成板、纹理不凸显的木材；羊毛、麻类的天然材料；陶器与瓷砖、钢材、玻璃等人工合成的材料。

款式 FORM

直线，与精简化的人为制造的曲线

笔直而简单的直线；经由设计的人工制造出的曲线；平整的面。

质感 TEXTURE

兼具材料本身的质感与平滑的打磨工艺

涂装打磨使其平滑的同时，保留其天然木材的质感；或涂装喷漆，遮盖木材纹理。光滑，平整，顺畅的质感。

法式风格

FRENCH

以古典风格为基础，融合现代风格

巴黎保留着许多古老建筑物，在那里，人们习惯将古典艺术渗透到自己的生活中。法式家装风格多以古典样式为基础，房间的基本装饰处处透出年代感。在此之上，人们又加入了一些新的元素，创造出了独特的法式风格。

法式风格中普遍运用实木或是石材铺装地板，粉刷整洁的墙壁与铁制的窗帘滑轨。法国南部的普罗旺斯乡村风格，也十分受人欢迎。

款式

质感

材料

门与门之间加入了自己的装饰，古董餐桌椅与水晶灯都透出古典的气质，其中又融入了简约风格的餐桌。(roshi的家·埼玉)

以黑色边框的室内窗为背景，放置法国乡间风格的餐桌。(名取家·神奈川)

四个要素

色彩 COLOR

古老建筑物上的砖石色，与灰浆、黄铜的颜色

原木色一类的茶色系；灰浆色、亚麻织物的颜色、石材的颜色；象牙白、米黄色、灰色；铁灰色和接近黄铜的金色。

材料 MATERIAL

老旧木材与石质、黏土、灰浆、铁、麻等

实木、灰浆、黄铜、老旧木材；当地生产出的黏土、石砖、瓷砖、熟铁等材料；织品选用棉麻质地。

款式 FORM

舒缓的曲线与典雅的装饰

拱形与半圆等舒缓的线条，简单的设计；继承古典风格的典雅样式。

质感 TEXTURE

长年使用而形成的质感与粗糙亚光的效果

素材本身的自然质感；长年使用过的褪色感；仿造涂漆剥落的古董制造工艺。

现代日式风格

JAPANESE MODERN

大量使用天然材料，充分利用空间

日式现代风融合了西方生活方式与日本传统的茶室风格建筑的装潢。家具的线条以直线为主，多使用未经涂装的木材。织物花纹以自然风的抽象花纹与单色为主，室内装有日式拉门等传统装饰。装饰物引入日本民间艺术品，融入老式乡间农家的风格。木制品涂以焦茶色漆，织物使用靛蓝染色与其他朴素样式的工艺。日式风格的家装，都会采用"席地而坐风格"与矮沙发一类低矮的设计。

室内运用了竹帘与日式拉门，在继承传统茶室风格的同时，自己加以改造创新。木材的使用痕迹透出独的特韵味。（U先生家·大阪）

房间内放置一把凯尔·柯林特的设计作品"Safari Chair"。起居室内的地板上摆放着装饰品。（小菅家·兵库）

四个要素

色彩 COLOR
天然材料的本色，天然染料的颜色

未经涂装的木材与老旧木材的深浅茶色、灯心草的浅绿色、黏土的米黄色等大地色系；漆树的黑色、靛蓝染剂等天然染色剂的颜色。

款式 FORM
直线与粗线条、有机曲线

简洁的直线；粗线条；仿照树木线条的不规则曲线；有机曲线；左右不对称的设计。

材料 MATERIAL
木材、黏土、灯心草、麻等天然材料

未经涂装的木材、经天然涂料染色的木材、竹子、老旧木材、黏土、灯心草与水生植物等天然素材；日本纸、天然成分的织物等，铁材。

质感 TEXTURE
突出材料本身质感的工艺

不涂装；突出材料本身的天然质感；手工艺风格；器物表面粗糙、凹凸不平、不规则的质感与纹路；使用漆树与柿油等天然涂料。

CHAPTER

3

强调色?

基础色?

主配色?

色相、生活相

——家装里的色彩搭配

大到室内的装饰材料，小到一件织物，
色彩搭配都是决定您房屋风格的重要因素。

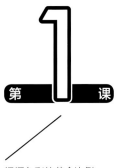

把握色彩的黄金比例，
初学者也能成为搭配达人

色彩分配的诀窍——
7：2.5：0.5

色彩搭配并不只是将颜色"凑到一起去"。让我们
来了解如何在色调统一的同时做到不使其显得单调吧！

色彩平衡

**将粉紫色作为房间的主色调，
打造富有少女心的室内家装。**

基础色为天花板与墙壁护板上使用
的白色，主配色为粉紫色，浅蓝色
为强调色。（井上家・大阪）

强调色

基础色　主配色

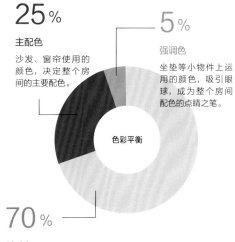

25%

主配色

沙发、窗帘使用的
颜色，决定整个房
间的主要配色。

5%

强调色

坐垫等小物件上运
用的颜色，吸引眼
球，成为整个房间
配色的点睛之笔。

色彩平衡

70%

基础色

地板、墙壁、天花
板等大面积的地方
使用的颜色，为整
个房间的氛围打造
基础。

即使运用同一种配色，不同的色彩分配方式也
会形成截然不同的氛围

家装领域中的色彩搭配，并不是要将房间内
所有的物品都"统一"成同一种颜色，其原本的意
思是指搭配、调整一个房间中的色彩，大到内部装
修与家具，小到小物件等所有部分。想做好色彩的
调配，不光要了解哪些颜色适合搭配在一起，还要
知道哪个颜色该占多大面积，也就是色彩的比例分
配。以黑白两色的时尚搭配为例，在白色的衣服上
搭配黑色的小物件，和在黑色衣服上搭配白色的小
物件，呈现给人的感觉是完全不同的。在家装上，
色彩占比的不同，也会对这个房间最终给人的感觉
造成不同的结果。

初学者首先要将自己想使用的颜色划分为"基
础色"、"主配色"与"强调色"三个部分，然后
其配比设定为70%、25%与5%。虽然在家装领域
也有将所有颜色均分的搭配类型，但是这样的搭
配需要充分的理论知识，还需要设计上超乎常人
的品位。依据您选取颜色的比例，就能够了解，
您想要将房间营造出怎样的氛围。有比例地调
配，还能将浓重的颜色自然地与其他颜色协调，
使装修效果更稳定、有张有弛，最终打造色彩平
衡的房间。

色彩平衡

色彩的分配与效果

强调色

坐垫等小物件上运用的颜色，面积虽小却引人注意。

基础色

地板、墙壁、天花板等处大面积使用的颜色，为整个房间的氛围打造基础。

主配色

沙发、窗帘等处使用的颜色，决定整个房间的主要配色。

将绿色作为主配色，
营造令人心神安宁的自然风格家装。

复合木地板，餐厅中使用的家具，室内窗都以自然的原木色作为基础。橱柜与墙砖、墙壁和地毯则使用了主配色——绿色。椅子与小杂物点缀上强调色——红色。（大和家与西川家·广岛）

POINT 1

基础色打造室内氛围基调

基础色一般在地板、墙壁、天花板等大面积的地方使用，占据整体配色的70%。能够决定房间风格走向是明亮还是深沉。

POINT 2

主配色决定房间风格

主配色是房间配色的主角，占整体配色的25%，用在窗帘与沙发等处，对房间的风格起到主要作用，务必要与基础色配合协调。

POINT 3

强调色点缀家装

强调色占整体配色的5%。可以在坐垫的花纹与灯罩等处使用。为了起到点缀室内的作用，推荐选用鲜亮、能吸引人眼球的颜色。

第2课

避免醒目的颜色太过抢眼，使其与整体配色协调统一的秘诀

色彩的重复搭配

掌握色彩搭配的技巧，红色、黑色等醒目的颜色也能与整体和谐搭配。

色彩重复

重复使用的颜色

重复使用不同类型的红色与橙色，使其在室内更加协调

在水泥地板与白色墙壁上设置橙色的家具与大张地毯，深浅不一的红色与橙色在地毯与靠垫和灯具上重复使用。（A先生家·东京）

重复使用的颜色

黑色的小物件分布在家中各个角落

灯具、搁板支架和椅子都重复采用黑色。在木制复合地板与白色墙壁组成的自然风格中，黑色的窗框与排油烟机并不显得突兀，甚至还让房间显得更富有层次感。（穴吹家·香川）

重复使用的颜色

将主配色与点缀的颜色巧妙结合，分散在房间各处

房主小堀将自己房间内的主配色与黄色、浅蓝色、红色、灰色小物件的颜色完美调和，使突兀鲜明的颜色也能够在家装上重复使用。（小堀家·东京）

通过重复分布颜色，使房间内的配色达到协调统一

在设计室内配色时，如果只将浓重的颜色集中使用在一处，就会显得突兀，与周围的配色无法协调。想要避免这种情况，就要重复将浓重的颜色分散于房间各处，这便是"色彩重复"的技巧了。通过重复使用醒目的颜色，使其与房间的整体配色达到协调统一。

例如，如果要在房间里放一个红色的沙发，那么最好再加入一些其他红色的元素，比如红色花纹的窗帘或靠垫、挂画、灯具、小物品、唱片盒与书等。重复使用红色，就能使沙发逐渐融于房间整体，产生协调统一的美感。

另外，如果要在浅色自然风格的房间中放置一台黑色的电视，想要使其不突兀，也可以使用上述的技巧。这时可以搭配一些适合与自然风格家装的黑铁窗帘滑轨，或者黑色的灯具等等，黑色的电视就不再显得突兀。

只要决定了自己要使用的重复颜色，便无须在购买物品上过多犹豫，即使一步一步，慢慢对房间进行改造，也不会将房间内的色彩搭配搞得零零散散。这种技巧也有助于避免买到与房间不搭调的物件。

第3课

装修用材与装饰物的色彩搭配

家装的基础，色彩搭配的技巧

地板、墙壁、天花板三处如何配色？怎样搭配装饰与家具的颜色？如何统一木质品与金属的配色？房间的基础色怎么选？

▷ 色彩搭配

运用让室内显得更加宽敞又温馨的颜色

室内整体为自然风格，地板颜色偏浓重，墙壁与天花板则较浅而明亮，将室内氛围烘托得温馨舒适。（真砂家·福冈）

浅色复合地板显得房间内更加宽敞

即使是空间有限的公寓，也可以利用浅色的木地板，为房间制造出宽敞的视觉观感。用北欧风格的家具装饰出心仪的房间。（森家·东京）

POINT 1

依照地板→墙壁→天花板的顺序，颜色从深到浅，即可营造出宽阔、敞亮感

尺寸与重量都相同的黑白色两件物品，黑色的显得更有重量感，白色的则看起来更轻一些。根据颜色明暗而形成的这种效果，在家装方面也同样适用。

在地板上选择暗色，越向上颜色越浅，这样可以显得天花板更高，房间更宽敞。反之，如果越向上越暗，天花板与地面之间的距离就会显得越近。据说，白色的天花板看起来会比实际上高10cm左右，而黑色的天花板看上去则会比实际上矮20cm左右。

POINT 2

在地板上使用浅色，会使房间显得空旷敞亮

一般来讲，穿白色的衣服会显得胖一些，穿黑色的衣服则会显得苗条。这是因为，黑色与其他暗色是能够将物体显得更小的"收缩色"，而白色则是会将物体放大的"膨胀色"。

利用这种颜色的特性，我们将地板与墙壁甚至天花板与内部装饰用品都设置为明亮的浅色，狭窄的房间就会显得宽敞。

地板→墙壁→天花板，越往上颜色越浅的话，就会显得天花板更高，整个房间更宽敞。墙壁与天花板的颜色相同也能够达到这种效果。

将天花板选为深色的话，房间内就会显得比实际更矮。在需要表现其稳重的卧室与书房中，不妨采用这种配色方法。

地板颜色较浅，与墙壁和天花板之间的颜色只需细微的差别，就能将狭窄的房间改造成视觉感更宽广的地方。

在地板上选用较深的颜色，与墙壁和天花板之间颜色相差较大的话，就会营造出小巧而稳重的视觉感。

黑色的金属制品，木制品也统一了色调

由户主自己制作的餐厅家具，木制品的部分与地板相统一，金属部分与窗框、灯具等处都采用了黑色。（宫坂家·神奈川）

POINT

挑选家具时，也要注意背景墙壁的颜色和材质

靠墙放置的家具，如果与背景墙的颜色太过接近，也会让人觉得色彩过于单调，造成家具与墙体融为一体的感觉。如果您家的墙壁板是木制的话，则需要特别注意不要与家具的颜色与材质太过相像。搭配时，应使室内装饰物与家具发挥自己独有的魅力，与墙体区别开来。

独特的木制墙与现代风格的家具形成鲜明对比

将焦茶色的木制墙作为背景，凸显室内现代风格的家具。（萨尔莱任家·山梨）

POINT
3

统一木质品与金属制品的颜色，轻松打造视觉协调感

木制品与金属制品的配色是为房间配色打造基础的重要部分。如果在木制品上选用了浅茶色与深茶色，那么接下来的配色就依照这两种颜色去选择吧。在大型家具的配色选用上，如果能与门窗、台阶等室内装修物形成搭配，会显得更加简洁大方。在选购木质家具的时候，尽量选用一些能与家具的材料、质感相匹配的单品。金属窗框与灯具等金属制品也要尽量统一色调与样式。

金属制品统一为现代风格的银色系

油烟机与餐桌脚等金属制品都选用银色，地板与桌面等木制品部分则选择了带有木纹的白色。（峰川家·栃木）

POINT
5

使用带有花纹的墙纸与织物，也能成为决定房间格局的因素

在选择墙纸或是窗帘这样大面积的装饰物之前，让我们来了解一下每种花纹不同的作用。对比鲜明的花纹会给人以压迫感，也容易使房间显得狭小。另外，横向条纹会有横向延伸的效果，纵向条纹则有纵向延伸的效果。

即使相同颜色，也会由于所占面积的大小而构成不同的效果。面积越大，浅色就会显得越明亮，暗色则会显得越深沉。在选择地板与墙纸的时候，在购买之前应尽量察看面积更大的样品，便于确认其效果。

要想使房间更加宽敞，尽量选择白色或浅色的、无花纹或花纹较小的墙纸或是织品。

大型的花纹或是深色，会给人带来压迫感，进而使得房间看上去更加狭小。

纵向条纹会将事物拉得更长，但如果花纹的颜色对比过于强烈，并且大面积使用的话，反而会显得室内狭小。

横向花纹会将事物横向拉长，用作墙纸会显得天花板较低，给人压迫感。

挑选门窗与其他装修材料时，应首先考虑"与地板协调"以及"与墙体协调"

在挑选门窗与装修材料（护墙板、窗框、门框等）时，一般首先需要依照先前所说的，统一木制品的色调。还有另一种技巧，就是要使其与地板的颜色相协调。（上图）

门窗与装修物的颜色比地板颜色深，则会形成紧凑的视觉感。（中图）

然而，如果选择将置物架安装在墙上，门窗的面积占比较大的话，过分凸显木质结构，也许会产生压迫感。这时，如果将门窗与墙壁的颜色统一，反而会营造出宽敞的视觉效果。（下图）

木制品的颜色与地板颜色相统一，比较协调

门窗与拼接效果的天花板，以及窗框等部分都与地板材质的颜色协调统一。家装的基础部分形成一个协调的整体，易于搭配其他各式各样的小物件。（福地家·北海道）

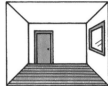

在门窗、窗框等部分与地板使用同一种木材，能够为室内营造协调统一的视觉效果。

门窗等木制品的部分比地板颜色更深，营造出雅致氛围

门与室内窗、房梁、桌面等使用了比地板颜色更深的木材。形成紧凑的视觉感，营造雅致的氛围。（Deki家·大阪）

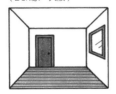

门窗等木制品的部分使用比地板更深的颜色，给人雅致，沉稳的感觉。

门窗等部分使用的木材与墙壁的颜色一致，营造宽敞的空间感

将门与室内窗的窗框等木制品涂上与墙壁相同的颜色，协调统一。这样使墙壁与门窗之间形成视觉上的一体化，在视觉上可以使室内更加宽敞。（吉川家·大阪）

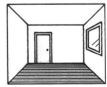

将门窗与装修物与墙壁达到色彩上的统一，这样即使门窗的数量很多，也不会过于明显，将房间整体塑造出更加宽敞的效果。

木地板与木制家具的颜色一致，可以营造出协调感。再运用浅色调，还能够时室内显得更加宽敞。

木制家具比地板颜色深，会更凸显家具，在空间上形成紧凑感。深色的家具让人感觉更加高贵。

家具比地板的颜色更浅，则显得重量偏轻。这时可以选择高级木材制作的家具，或是遮盖了木材纹理的家具。

POINT 7

地板与家具的颜色浅而明亮，会营造宽敞的空间感；家具颜色深，则显得空间紧凑。

　　木制家具与地板搭配的效果不同，为房间与家具本身营造出不同的效果。

　　家具与地板同样使用明亮的颜色，房间内会显得宽敞，在这样统一协调的配色之下，也更易于搭配一些小物件。（上图）

　　地板颜色明亮而家具颜色偏深的话，则可以凸显家具的线条，又因为深色带有厚重感，会使家具显得更有品质。（中图）反之则会容易将家具衬托得单薄寒酸。于是，应特地选择纯木制的高级家具，或是遮盖了木质纹理的家具。（下图）

地板与家具颜色一致，营造协调而宽敞的视觉效果

将地板与家具的颜色统一，即便各种家具的风格不同，视觉上仍旧能够达成一种协调感。明亮的颜色使室内显得更加宽敞。（K先生家·大阪）

浅色的地板搭配焦茶色的古典家具

家具较地板颜色更深，则会凸显家具的存在，使空间更加紧凑。浓重的颜色凸显家具的品质。（佐佐木家·爱知）

焦茶色的地板搭配白色漆装家具

深色的地板搭配白色漆装的家具，为室内装潢营造雅致感。（佐藤家·埼玉）

如何选择适合家装
效果的颜色

色彩的"构成"
与其"特性"

一起了解色彩的构成与特点，为自己
心仪的家装搭配合适的颜色。

色彩的特性

POINT

1 "色相"与其给人的印象

**根据色彩的特性与其给人的印象，搭配
不同类型的家装。**

根据光的波长不同，产生了红、
橙、黄、绿、青、紫等颜色，其称为
"色相"。

颜色分为彩色与黑白，包括了各
种各样不同的色彩。不同颜色会给人带
来不同的印象。例如，白色会让人联想
到干净整洁，红色则是热情，粉色是浪
漫，紫色是神秘，绿色是自然。

家装领域的颜色运用包括，在人们集
中的起居室使用平和的茶色与绿色，浴室
与洗手池则使用干净整洁的白色等。根据
各个房间的功能不同，设置不同的颜色，
能够塑造出舒适的居住空间。

颜色的构成

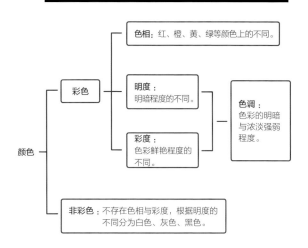

色相：红、橙、黄、绿等颜色上的不同。

明度：
明暗程度的不同。

彩度：
色彩鲜艳程度的
不同。

彩色

色调：
色彩的明暗
与浓淡强弱
程度。

颜色

非彩色：不存在色相与彩度，根据明度的
不同分为白色、灰色、黑色。

色彩的构成与变化

在我们的生活中存在着缤纷多彩的颜色，主要分为
"彩色"与"非彩色"。彩色之中又包含了表示各种颜色
的"色相"，显示鲜艳程度的"彩度"，以及表示明暗程
度的"明度"。根据这些因素的变化，又会衍生出各种
各样的不同颜色。

色相环

色相环是指将从波长最长的红色到波长最短的紫色依次排列，
再加入了青紫与紫红这两种颜色的环状排列形式。色彩学上将
其分为10色，或是24色，在这里分为12种颜色。在色相环上相
互居于对角的颜色称为相反色（补色），相邻的几种颜色则称作
相似色。

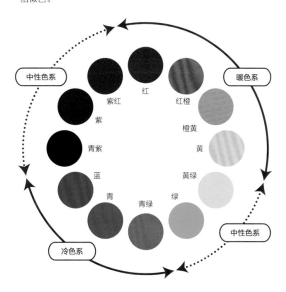

沉静的蓝色，给人以冷静清爽的印象

自己动手涂装的蓝色墙面之下，摆放着灰色的床品。呈现沉稳安适的氛围，营造出清爽感满分的卧室。（深津家·京都）

各种颜色给人的印象

白 干净、纯洁、简单	**红** 活力、热情、促进食欲	**茶色** 自然、稳重、安适	**蓝** 冷酷、智慧、清爽
灰 禁欲、非自然的、冷酷	**粉** 女人、温柔、浪漫	**绿** 森林、自然、放松	**紫** 庄严、高贵、神秘

用淡绿色营造温和的氛围

墙壁与桌布都选用了温和的淡绿色。天花板与家中细节处以及家具则使用象牙白色，衬得绿色更加温和稳重。（N先生家·爱知）

用明亮的黄色营造出欢快气氛

夫妇二人从300多种颜色样品中挑选出了活泼的黄色涂漆，用于儿童房的单面墙上。稚嫩的画作也反映出明朗的欢快感。（深津家·京都）

2 "色调"与其印象

根据明度与彩度的变化，同一种颜色也会给人不同的印象

　　"色调"，即色彩的明暗和浓淡。例如，在色相环中"纯色调"的绿色中逐渐加入白色，其明度便会逐渐提高，而彩度逐渐降低，变为更淡的绿色。这一类浅色被统称为"明灰调"。同理，在纯绿色中逐渐加入黑色，其明度与彩度会同时降低，最终变为极深的绿色。这一类叠加了灰色的颜色被统称为"暗灰调"。像这样，在彩色中的纯色上调配黑白灰三色，其明度与彩度都会发生不同程度的变化，从而形成各式各样的色调。

　　红色火热，蓝色冰冷，不同色相都有着自己独特的性格，不同的色调也会给人以不同的印象。即使基础的色相相同，在向不同的色调变换过程中，也会产生不同的印象。

基础色彩系统（PCCS）的色调分类图

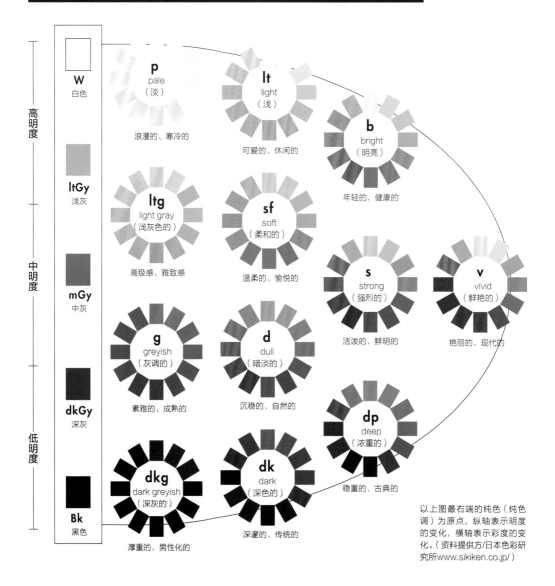

以上图最右端的纯色（纯色调）为原点，纵轴表示明度的变化，横轴表示彩度的变化。（资料提供方/日本色彩研究所www.sikiken.co.jp/）

纯色调

"现代、活泼、年轻、鲜艳、灵动又令人精神一振"

汉斯·瓦格纳设计的复古式沙发上,使用青绿、蓝色与黄色等明亮颜色。属于兼顾鲜艳与沉稳的北欧家装风格。(河内·爱知)

中灰调

"高品位、淡雅、沉稳"

在地毯等处加入素雅的暗灰调。将各种硬质材料结合在一起,构成别致而不显稚气的家装风格。(高石家·东京)

暗色调

"传统、成熟、浓重、沉稳而深邃"

深绿色的墙纸,点缀素雅红色的窗帘与地毯,集合了深邃的颜色营造出英式风格。整体家装与古董家具十分协调。(中村家·山梨)

暗灰调

"高雅、沉稳、谨慎、素淡、质朴"

在床头间接照明的隔板上,使用了沉稳的暗色调紫红色,高雅而别致。植物的绿色也起到了成功的色彩调和作用。(Y先生家·群马)

第5课

四种基本配色方案

了解色彩搭配的基础技巧
——如何将自己喜爱的颜色搭配到房间中。

▽
色彩布局

| 方案1 | 色彩布局 | **同系色** | 组合同一色相中的不同颜色，搭出优美的层次感。 |

将蓝色的同系色搭配在一起，营造沉稳的氛围，易于进行"花纹+花纹"的搭配。

茶色与米黄色的同系色搭配，风格百搭，易于被大多数人接受。

　　同系色搭配，是将位于同一色相之中的不同明度彩度的颜色组合到一起的一种方法。例如，将鲜艳的红色与暗红色相组合，不掺杂其他颜色，因而具有协调统一感，将各种各样的红色搭配到一起，也易于进行"花纹+花纹"这类高级装饰方法。

　　如果您更喜欢一间充满蓝色的房间，那么全部都用同一种蓝色也未免单调，给人以平面的印象。同系色搭配法则是将同一种色相的不同颜色进行组合，在色彩布局上更有深度。更能明确您房间的印象色，在家装上构造出优美的层次感。

　　在同系色搭配之中，受到各年龄段都喜爱的搭配是茶色系组合，这种搭配不带有过多主张，是带有中立特性的基础组合。将各种素材搭配组合在一起，在浓淡颜色之间形成对比。

同系色的搭配上，也可以根据配色的浓淡营造不同的风格

【没有明显的色彩浓淡之差】

使用柔和的色彩与天然材料，打造舒适的空间

纯松木地板与硅藻土墙壁，浅色的木制家具与奶油色的灯罩等，房间内配色整体上没有明显的浓淡差别，集合了众浅色，营造温和沉稳的氛围。（F先生家·埼玉）

【具有明显的色彩浓淡之差】

利用深棕色凸显空间感，打造格调高雅的房间

利用米黄色与深棕色之间色彩对比的搭配，营造出有张有弛的感觉。以壁炉为中心、家具左右对称摆放的布局，塑造出恰到好处的紧凑感。（泽山家）

"红色"的层次感，营造别致的家装氛围

从接近纯色调的"红色"中，分出暗红色、正红色与深红色、偏红的灰色与偏红的米色等。利用不同色调的红色，营造色彩布局更别致的家装类型。（土器家·东京）

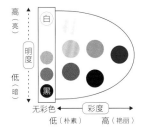

"蓝色"的层次感打造沉稳安宁的视觉感

整个卧室中的墙面、床品，甚至挂在墙上的照片，都使用了不同色调的蓝色。同系色适于利用"花纹+花纹"的搭配方法，房主希望用更多的布艺品来装饰卧室。（位于英国威尔士的别墅）

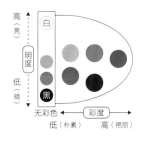

同色调

将明度、彩度、特性都相同的不同颜色相搭配，具有协调感的配色方法

　　同色调搭配法，即为集合多种属于同色调中不同颜色的方法。例如，将同为明灰调中的淡红、淡蓝与淡黄等相组合。

　　这种方法最大的优点就是可以构成多彩的搭配。由于统一了明度与彩度，更易于色彩间的协调，即便使用了多种不同的颜色，也不会相互抵触，能够打造多彩调色板一般的效果。

　　此外，每种色调也有其固有的特点，例如，纯色调活泼，柔和色调温和，等等，能够与您想要打造的家装风格直接对应。可以参考62页中的介绍过的色调分类图来选择。

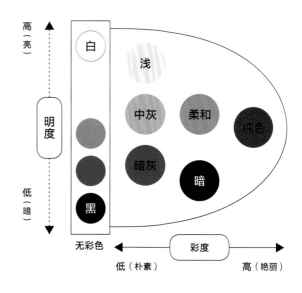

高（亮）　低（暗）

明度

白　浅　中灰　柔和　纯色　暗灰　暗　黑

无彩色　彩度　低（朴素）　高（艳丽）

色调举例

色调可以同时包括颜色的明度与彩度。如果改变纯色的明度和彩度，则会呈现明灰调与暗色调等各种色调。同色调搭配法，则是使用了同属于一种色调的颜色。（详情见62页）

轻松可爱的"明色调"装饰风格。

自然宁静又稳重的"浊色调"装饰风格。

温和有趣的"柔和色调"家装风格

墙面上使用了薰衣草紫与木樨绿，蓝色的门与橙色的座椅相结合，仿佛置身于巴黎一间色彩丰富的公寓。（W家·福冈）

明亮浪漫的"明灰调"家装风格

由多种明灰调的布艺品营造的浪漫卧室。室内色调与白色的家具和窗框十分相配。（朴家·千叶）

洋溢着宁静与高品位的"中灰调"

绿色、蓝色、米色等，色相不同而色调相同，这些颜色组合在一起，同样能营造出美感与协调感。（诺克斯家·英国）

使用柠檬黄~蓝色区间，营造安适沉静的家装风格

黄绿色的置物架，绿色的墙面，蓝色的装饰物……。风格可爱的儿童房间，令人联想到水与绿植的和谐搭配。（儿玉家·东京）

使用橙色~绿色区间，打造出鲜活的水果色

厨房中墙面粉刷成黄色，橱柜涂装为绿色。通过相似色之间的组合，将集中活泼鲜明的颜色相调和，营造愉悦而富有生机的家装风格。（Y家·东京）

相似色搭配法，即将色相环中相邻的几种颜色组合搭配的方法。借助色彩间差异小的特点，营造色彩协调的搭配。

夕阳的颜色、逐渐深沉的海洋颜色、斑驳阳光下树叶的颜色，这些都是自然界中司空见惯的色彩。这些色彩能使人感到亲近与舒适，是十分令人放松的色彩搭配。

使用红~橙色间层次分明的暖色调，打造活力温暖的视觉感。

使用蓝~紫色间层次分明的冷色调，打造沉稳冷静的视觉感。

绿色与紫色结合。两种个性鲜明的颜色完美结合，构造出典雅的搭配

将淡绿色作为基础，点缀上少量深紫色。运用相反色的搭配技巧，将一方的明度与彩度调低，形成典雅的效果，堪称模范的家装风格。

白色天花板与深色家具两种鲜明颜色的调和

"考虑到维持色彩的平衡，于是我使用了相反色。"因此便构建出这样色彩鲜艳又兼备平衡感的完美效果。白色的占比与深茶色的搭配，也是其成功的秘诀。
（巴瑞特与奥德特家·美国）

将黄绿色与紫红色相搭配。塑造个性鲜明的相反色搭配

在橙色的沙发上搭配其相反色——蓝色的靠垫。

相反色搭配法，即将色相环上相对的颜色（又称相反色与补色）组合的方法。两种互为相反色的颜色特性互补，反差较大，容易给人鲜明的印象，能够相互衬托，进而相互搭配。

运用鲜艳的相反色，会产生强烈冲击感。将无彩色与无性格色作为背景或穿插其中，就会缓和过强的对比度，使得搭配更加协调。降低一方的彩度，用另一方作为点缀搭配，能够产生典雅的效果。

"白色"也是多种多样的

选择符合自己风格的"白色"

"白色"在家装领域被广泛使用。因此，更要分辨出加入不同微量色调的白色，并从中选择符合自己风格的"白色"。

▽

选择我的"白色"

红色调

轻松高雅的白色

厨房空间采用温和的白色，与贴了瓷砖的、小巧可爱风格的厨房完美搭配。（岛田家·东京）

黄色调

温暖而令人感到亲切的白色

模板拼接的墙面充满怀旧风格，搭配与之相宜的白色涂漆，恰好与温柔的亚麻床品相配。（松田家·群马）

冷灰调

营造出高冷风格的时尚白色

在高侧窗进来阳光的照射下，房间内如同美术馆一般静谧，而白色墙壁更加衬托其安静。这样的白色与现代简约的室内风格十分相称。（小畑家·千叶）

基础"白色"的选择至关重要

即使对装修工人说"把墙漆成白色"、"用白色的瓷砖"，最后的成果也不一定能够符合自己的设想。究其原因，是因为"白色也是分为很多种类的"。有红色调的温暖高雅的白色。有黄色调的温柔朴素令人感到温暖的白色。有能够创造高冷感觉的"纯白色"。还有青灰色调的鲜明的白色等等。您则需要从中选择出符合自己理想风格的白色。

CHAPTER

4

一把椅子，是最棒的！

家具越用越舒服

——家具的选择及空间布局基础

在打造自己心仪的家装风格时，
如何挑选及摆放喜爱的家具，也尤为重要。

不同家具的挑选要点

家具是日常生活的用具，设计、尺寸、实用性、耐久性等特性都十分重要，这一节介绍选择家具时应注意的问题。

▽

如何选择

餐桌和餐椅

面板

材料多为木制，根据树木种类的不同，其样式与坚硬程度也不尽相同。除此之外，制作材料还有玻璃、石材、树脂等。需要确认清楚其表面涂装的种类与耐热性、耐磨性、触感以及保养方法。

支撑板

有支撑板的桌子更加稳固。需要确认桌椅内侧是否装有支撑板。如果选择扶手椅作为餐椅，也要注意确认扶手是否会与支撑板磕碰。

靠背

务必选择与使用者贴合的弧度。靠背高则有正式感。如果想让房间显得更宽敞，更适合选择低靠背且镂空的设计，这种设计不仅外观简洁，也易于移动。

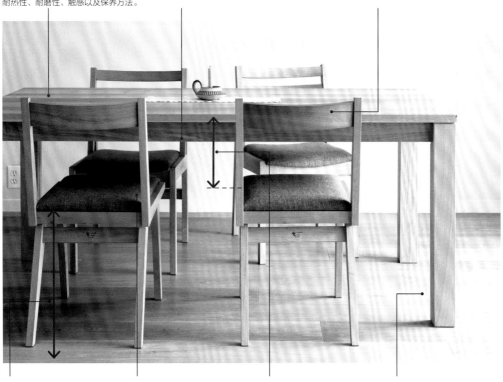

座高

一般餐椅的座高为42cm左右，选购时可以脱鞋测量，也表示为SH。

坐席

材料分为木制、布面、皮革面等。挑选儿童座椅时，应注意儿童进餐容易掉落食物残渣，尽量选用便于清理的材质（木制或人造皮革制）。如果担心弄脏，可再加罩布。

桌面与坐席距离

桌面与坐席的距离，对于就餐的方便与舒适度有很大影响。两者之间的最佳高度差为27~30cm。

桌腿

有角的桌子，会坐得更加疏松宽敞，桌腿位于桌面内侧，能够避免不小心的磕碰事件。

尺寸

每个人的用餐空间以长60cm，宽40cm为宜。餐桌周围也需要留出一定空间

餐桌的尺寸应以每人可以使用长60cm，宽40cm的空间为宜，考虑到还需要摆放饭菜，如需四人用餐，则餐桌长度应至少为135cm。餐桌高度也应注意，亚洲成年人的平均坐高为70cm，为以防万一，还应对餐桌进行试坐确认。

另外，在餐桌周围，还应留出放置椅子与方便行走的距离（参考82页）。购买餐桌前，建议依据房间面积画出比例图，确认好餐桌的位置与空间。

挑选餐椅的要点

尽量避免选择坐席探得过深，或是靠背角度过大的椅子。

挑选扶手椅时，要注意扶手部分与餐桌支撑板间的高度距离。

确认坐席高度，让双脚能够踏实落地，避免使大腿下侧承受过大压力。特别注意不要选择坐席前端内凹的座椅。

附有坐垫的餐椅应注意，不要选择坐垫过于柔软的椅子。

每人的用餐空间

40～50cm

60～70cm

想要计算出餐桌理想的尺寸，应将上图数据乘以用餐人数，为每人制造出宽裕的用餐空间。

就餐所需的空间

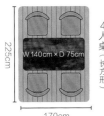

225cm

W 140cm × D 75cm

4人桌（长方形）

170cm

250cm

φ100cm

4人桌（圆形）

250cm

放置4人用餐的餐桌，应需0.27m² ～0.46m²。在餐厅空间有限的情况下推荐使用扶手椅，因为扶手椅可以限制个人用餐空间。

圆形餐桌比方形餐桌最终的占地面积更大，其特点是可让邻座的人舒适谈话。至少要在两人之间留有能再加一把椅子的空间。

材质·涂装

对于使用频率高的餐桌，应注意确认其耐久性与保养方法

木制餐桌的面板分为拼接木板与纯木桌面两大类。由于纯木桌面的一整面木材造价高昂，市面上大部分桌面采用拼接木板桌面。

聚氨酯涂料能够有效防止树脂膜被污染与划伤，保养方法简单。不过，二次涂装时需要将底层涂层事先剥落。只有纯木家具才会使用天然油脂与打蜡工艺，不会阻碍木材的呼吸过程，长年使用后也会形成独特风韵，近年来十分受人欢迎。

座感

试坐餐椅，确认其高度与深度

在选择餐椅时，请务必脱下鞋试坐，确认其是否舒适。正确的试坐方式应使后背完全贴合靠背，如果座椅高度适宜，双脚应完全触及地面，大腿下侧不感觉到压力。部分餐椅设置了踩脚，当座椅过高时，应向店家确认。

座椅分为硬座与软座，应选择久坐不累的餐椅。座椅至桌面下方的距离应以27～30cm为宜。

沙发怎么选

表面材质

挑选布面或皮革面的沙发时，要仔细确认表面是否有皱褶。如果对清洁有严格要求，推荐选择易于清洗的种类。

靠背

高靠背的沙发可以支撑头部，因此更加舒适，然而，由于体积原因，在空间不大的房间里会显得拥挤。靠背的角度与座位的宽窄都是需要注意的部分，尽量购买适合使用者体型的沙发。

扶手

如果沙发扶手较宽，还可以在扶手上放置托盘与饮料，扶手较窄而座位尺寸合适的沙发，比较适宜空间较狭窄的房间。如果要横向放置沙发，则推荐选择较矮的沙发。建议给易脏的扶手罩上与整体材料相同的布罩。

沙发腿

沙发腿较长，能够露出地面的设计，能够显得房间更加宽敞，给人轻松感，又便于打扫。不露出沙发腿的设计则给人稳重的印象。

框架

沙发的框架，分为构建沙发本体的框架与构成底座的基础框架。一般分为木制框架与铁制框架。为避免发生尺寸过大无法搬进家中的情况，还应提前测量将沙发搬入家中时需要的空间，并测量沙发本身的尺寸。

座位

喝茶时适合座高40cm的沙发，低矮的沙发会让人感到舒适放松，但过矮的沙发会使人起立困难。应避免选择有弹簧触感的沙发。

尺寸

**一人坐的位置大约60cm宽为宜，
选购之前要进行试坐确认。**

　　沙发与身体的接触面积较大，如果设计不合自己身体线条或是姿势，久坐便会感到疲劳。在商场选购的时候，应采取与挑选餐椅同样的方法——脱鞋试坐。

　　座高最好能既贴合腰部，又不使大腿感到压迫。要确认的部分有坐垫的角度与宽窄，以及靠背的角度是否适宜。还需要依照家人不同的体形，使用靠垫进行调整。

　　除了沙发整体的尺寸，沙发坐垫的尺寸也十分重要，一人坐的空间大约设置在60cm较为适宜。扶手较窄而座位尺寸合适的沙发，会显得小巧。

　　如果您喜欢在沙发上放置靠垫，则应选择座位较宽的沙发，在面积较大的起居室会显得不那么拥挤。一般的布艺沙发大多座位较窄，即使放在较为狭小的房间内也不会显得拥挤。

　　沙发的组合方式有一字形、面对面形、L形等。在空间较小的房间，还可以用垫脚凳代替凳子，以节省空间。

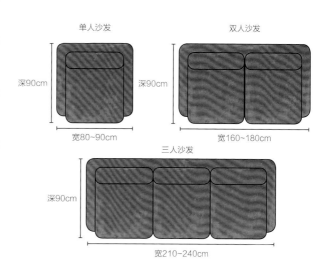

沙发的标准尺寸

要确认沙发整体与座位部分的尺寸。扶手宽的沙发，一般座位部分会比较窄。然而，扶手宽的沙发上还可以放一些托盘装的饮料之类。另外，可以利用坐垫来调整适合个人体型的座位空间。

单人沙发　　深90cm　　宽80~90cm

双人沙发　　深90cm　　宽160~180cm

三人沙发　　深90cm　　宽210~240cm

设计·表面材质

设计决定体积感，表面材质决定保养方法

　　高靠背的沙发可以支撑头部，因此更加舒适，然而由于体积原因，在空间不大的房间里则会显得拥挤。沙发腿较长，能够露出地面的设计方式，能够显得房间更加宽敞。

　　比较受欢迎的表面材质是布制。无论是沙发的表面还是外罩，都要定期喷涂防水喷雾，以防止脏污。天然皮革的造价高，耐久性强，随着使用时间便长还会带有独特的韵味。低价就可购入的人造皮革沙发，适合在有小孩子的家庭里使用，也可以等到孩子长大时换成布艺沙发。

要点 03

材料·座感

挑选久坐不累、实用性强、坐高适宜的沙发

　　坐垫主要由弹簧、人造橡胶、粘扣带以及靠垫的填充材料组成。靠垫的填充材料为人造橡胶与化学纤维、羽毛与羽绒等。根据靠垫的质量不同，使用的材料也会有所不同，不同的密度也会带来不同的舒适感与耐用度，价格也会有所不同。

　　试坐沙发的时候，要确认是否坐着不感到疲劳，靠垫是否变形，是否能轻松站起，大腿是否有压迫感。尽量挑选坐垫与靠背角度适宜，能够支撑身体的沙发。

床怎么选

床垫
床垫的高度以方便坐下的高度，即40~45cm为宜。双层床垫等体积较大的床垫会显得厚重。另外，床板推荐使用竹板等透气性良好的材料。

床头板
于床头处竖直摆放的床头板更节省空间。如果不使用床头柜，可以另放置一个置物架。

床腿
有床腿的设计更具有透气感，打扫起来也更省力。床底与地面间的距离最好可以让吸尘器探入。

床架
无脚踏板更易于整理床铺。多出的脚踏板虽可以防止被子掉落地上，但在视觉上会显得空间比较拥挤。

要点 01

尺寸

即便有了标准尺寸，也最好实地测量一下床架与床垫的尺寸

一张床主要由床架与床垫组成的，可以分别在不同地方购买。但即便有标准尺寸，根据不同的设计，实际尺寸也可能是不同的。

一张床的尺寸主要是由有无脚踏处与其设计决定，不同样式的床有不同的尺寸，最好实地测量一下。身材较高的人适合长度为210cm左右的床。

床的标准尺寸		
	宽	长
单人床	97~110cm	200~210cm
小双人床	120~125cm	200~210cm
标准双人床	140~160cm	200~210cm
三人床	170~180cm	200~210cm

要点 02

舒适感

选购床垫的时候最好躺上去，确认舒适度

确认一张床是否舒适，主要看是否能舒适地平躺，以及翻身是否困难。床垫太软会让身体陷入床垫中，不能舒适地入睡，翻身也会相对困难；床垫太硬，又会使身体承重不均匀，造成血流不畅，过多翻身也会让人难以安眠。

需要确认床垫填充的材料，选择吸湿性强而柔软的材质。选购时最好亲自躺上去翻身试试。不要选择有部分下陷以及有明显弹簧质感的床垫。应来回翻身，确认床体是否摇晃。

如何挑选其他家具
CHECK POINTS OF OTHER FURNITURE

碗橱

☐ 是否具备相应的实用性；是否能在厨房或餐厅中使用。如果您选择放置在厨房，则厨房内最好具备足够的空间来放置烤面包机等其他电器。如果在碗橱旁放有电饭煲，一定要检查确认碗橱是否有摇晃，以及周围用品的材料是否耐热。如果选择将碗橱放在餐厅，推荐选购既带有开放型置物架又附有抽屉的碗橱。

☐ 拿出家中尺寸最大的碗碟，确认是否放得进去。测量碗橱的内部尺寸。

☐ 碗橱门上的合页设计是否结实耐用。如用玻璃门，则确认玻璃门是否使用强化玻璃。

☐ 抽屉是否会发出咯吱声响。抽屉内如果有收纳刀具的托盘，会很实用。

☐ 如果是很高的碗橱，则要确认其是否装有防止翻倒的设计。

茶几

☐ 茶几的高度是否适合使用。如果只用作喝茶，高度宜为30~35cm。若还用做简单的用餐，则40~45cm高的桌子更为适宜。

☐ 茶几应选用不易落下划痕、不易磕碰碎的材质。如选用玻璃面板，则应选择强化玻璃制品。

☐ 如磕碰到桌角，是否容易受伤？如果您家空间有限，或是有小孩在，最好选择圆形边角的茶几或是圆桌。

☐ 是否方便移动？装有脚轮的桌子更便于打扫。

☐ 是否带有架子或是抽屉？有了架子或是抽屉更便于放置报纸、杂志以及遥控器等物品。

五斗橱与壁橱

☐ 抽屉是否结实？底板与侧板材料是否结实？接合的地方是否牢固。

☐ 抽屉是否能顺畅拉动？建议来回推拉几次检查一下。

☐ 抽屉推拉时是否伴有声响？抽屉的两侧板是否有间隙，如果有则容易生虫、进潮气。

☐ 是否能够看到最顶层抽屉的内容？衣装箱过高则不易于使用。

☐ 建议选择的高度为最上层抽屉高度在眼睛以下。

☐ 壁橱的门是否与所处位置合适。壁橱的门分为平开门、推拉门、折叠门三种类型，空间较小的卧室适合推拉门与折叠门。

电视柜

☐ 坐在沙发上是否不用仰视，轻松就能看到画面？如果喜欢在客厅席地而坐，那么推荐使用长条柜。

☐ 是否能够放进家里的影碟机？是否有放置影碟的地方？检查抽屉的内部尺寸与深度。放置影碟机的地方使用玻璃门，则不易积灰。

☐ 是否适合同和桌子之类的家具摆放在一起？电视柜的背板是否留有放置接线的位置。

☐ 顶板或电视柜的顶棚耐重如何？

置物架

☐ 置物架的深度与高度是否适宜摆放物品？

☐ 隔板之间的高度有多少？

☐ 置物架的耐重如何？如搁板又长又宽，则更需要注意耐重问题。即便在承重范围内，也不要将所有物品置于同一处，以免重量太集中。重的东西放在下层，轻的东西放在上层，置物柜就不容易翻倒。

☐ 高置物架是否配备放置倾倒的设计。

第2课

家具布局的
三个规则

▼

布局规则

更多的人开始从家具的布局来看房间布局，家具的摆放决定了是否便于生活，以及家装是否美观。

房间布局的基础是制定"活动路线计划"

- 楼下
- 餐具柜
- 冰箱
- 电视
- 起居室
- 窗帘
- 书柜
- 餐厅
- 厨房

→ 人活动的路线

一人通过所需空间

两个矮家具之间

在两个矮家具之间走动的时候，上身可以自由转动，只需留宽出50cm以上的空间就可以。

50cm~

矮家具与墙之间

一侧有墙或是高家具的话，过道则最窄不可低于60cm。

60cm~

侧身通过

45cm~

正面通过

55~60cm

正面两人并排通过

110~120cm

在活动的路线上，必须确保足够的走动空间，宽敞的过道与舒适生活息息相关。多人往来或聚集的房间，以及大家庭中，则需要留出更多的空间。

POINT 1 依照"活动路线计划"与"创造生活空间"法，思考家具的布局。

家具布局的基本思路，就是"活动路线计划"与"创造生活空间"

在家中总是会进行一些生活必需的活动，例如做饭时在厨房到餐厅之间走动、晾衣服时在卫生间和阳台之间走动等，为更有效率地进行这些活动，需要制定"活动路线计划"。

如果家具阻碍了人的路线，不得不让人绕道的话，就会平添麻烦。如果居住的地方比较狭小，希望免掉沙发，来换取宽敞点的餐厅，则要与家人好好商讨。这种情况下的确应商讨家具的缩减问题。

安置家具，是为了创造适宜人生活的空间。例如，在沙发旁边安置放茶杯与眼镜的小桌子，以及为使餐桌更加整洁，在餐厅旁放置碗柜等等。为了创造更宜居的室内环境，应该在家中配置一些便于物品摆放和收纳的小家具。

活动空间，指的是人做一系列动作时所必需的空间。在家具周围进行一系列动作时，就需要一些空间，例如拉开抽屉、拉开椅子、坐在沙发上伸出双腿以及更换床单等。如果只依照"家具本身是否能放进这块地方"来做判断，房间内就会没有通行的空间，抽屉也就无法拉开，在这样的房间内生活会变得很困难。这其中尤其要注意，拉开抽屉所需的距离就是橱柜本身的深度，根据深度的不同，人活动所需的空间也不一样。

窗边的空间最容易被忽视。不仅开关窗需要一定的空间，窗帘较为厚重时，收起时造成的褶皱也会占到宽度在20cm左右的空间，放置家具时，需要为其留出余地。

家具的尺寸与活动空间

普通的抽屉打开时，需要90cm的空间，沙发与茶几之间的距离以30cm为宜，过道至少要留出50cm宽的空间。考虑到端着盘子或是抱着换洗衣物的情况，最好要留出宽度90cm左右的空间通过。

在两扇窗户之间安放吊灯

在两扇小窗之间、餐桌的正中央上方安置吊灯，整体显得整洁美观。（Y家·神奈川）

如何将家具布置得整洁大方

摆放多个家具时，设置一条基准线，将家具的中心或是边缘与之对齐，便能摆放得更加整齐，将基准线设置在窗户的中线上，能够达到更好的效果。

POINT
3
有意识地制造出"左右对称"或"不对称"

摆放家具，就像是在塑造房间的骨架。骨架坚固牢靠，则整个房间便简洁舒适。家具摆放基本形式之一，就是以壁炉为中心的、"左右对称"的西式装潢，另一种是设置了壁龛等的"左右不对称"的和式装潢。了解这两种基本的家具摆放方式后，就能以此为参照设计自己的室内装潢了。

如果随意摆放家具，室内会显得杂乱，将家具的中心线与墙壁的中心线对齐，或者在别处设置一个中轴线，依此来摆放家具，房间就会显得井然有序。

给人以稳重感的西欧式左右对称布局

左右对称的布局方式是西式装潢中的基础。相较于非对称的布置方法，这样可以在有限的空间内安放更多的家具。（菅原家·福冈）

和式装潢多用非对称的手法，重视空间感

和式装潢多使用不对称的摆放方法。陈设简洁，讲究留白之美。（小菅家·兵库）

打造舒适的家，从购置家具开始

不同房间内的
家具配置

▽

家具布局

在布置家具上多花心思，就可以让家变得更加舒适。在此，我们将结合不同房间的用途，为您介绍家具布局的基础。

用沙发和椅子设置一个让家人放松的场所

在咖啡桌的周围环绕摆放沙发和椅子。家具来自"ELD INTERIOR PRODUCTS"品牌。（木村家·冈山）

房间 1

客厅与餐厅

I形

室内摆放两人或三人坐的沙发。两人坐时相互之间距离很近，在放松的同时带来亲近感。适合于独居人士或夫妇作为私人空间。

POINT 1

在保证活动空间的基础上，创造家人各自的私人空间

客厅与餐厅是家人放松休闲、用餐、招待客人的地方，因此也是家具等物品集中摆放，人来人往的地方。回想家人的生活习惯，布置一个能够保证家人自由活动的空间。

客厅与餐厅的布局，最为重要的就是创造每个人的私人空间。没有人想站着吃饭，所以要创造的就是每个人坐着的空间。如果是日式房间，放一些坐垫，让人舒适地席地而坐，西式房间则要加入椅子。即便不选用几张大沙发，而是每人一个小型沙发，或将凳子与长椅相组合，也要确保每个人都有自己的私人空间。

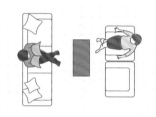

面对面形

这种布局使两人正面相对，相距较远，营造出面试一般面对面讲话的紧张感，适用于面试场合。将三人沙发贴墙摆放，对面放置一张凳子，便会缓解这种紧张感。

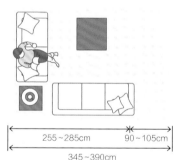

L形

这种布局能够使人不正面相对，相互距离较近。兼备独立性与亲密感。将沙发放在墙角，还能使视线更加宽阔。呈半开放型与环形的布局，给人以轻松交谈的氛围。

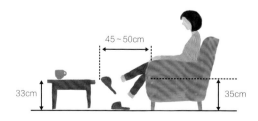

休闲风格

座位低而舒适的休闲沙发，与茶几之间的距离需要留出腿能伸出的空间。

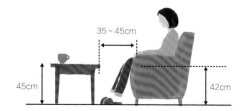

传统风格

传统样式的沙发让人坐得更加规矩，与茶几之间的距离可以相应缩小，茶几高度为45cm，更方便取用物品。

客厅中的家具摆放得宽松舒适

餐桌和餐椅为枹栎木制，椅子与长凳相组合，座位更加宽裕。餐桌与操作台和窗户之间留出了可使人走动的空间，上菜也变得更加轻松。（七里家·爱知）

餐桌周围的必要空间

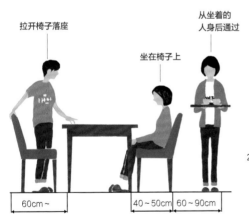

拉开椅子落座

坐在椅子上

从坐着的人身后通过

60cm ~

40~50cm   60~90cm

坐与站都需要距餐桌60cm左右的空间。从坐着的人身后经过，则需要距餐桌100cm以上。确保了人能活动的最小空间，生活才能更加舒适。

餐桌餐椅所需的空间

225cm   长140cm×宽75cm

170cm

4人座（长方形）

设置4人座的餐桌，大约需要3.73m²的空间。如果房间狭小，可以一侧贴墙来减少空间占用。扶手椅能够限制个人的使用空间，在不宽裕的室内，推荐使用扶手椅。

235cm   长180cm×宽85cm

330cm

6人座（长方形）

在正式的餐厅内，桌子短边的椅子要使用扶手椅，意为主人使用的椅子。房间狭小或是人数众多的时候，推荐使用长凳来节省空间。

250cm   直径100cm

250cm

4人座（圆形）

圆形餐桌比方形餐桌最终占地面积更大，其优点是相邻的人能够舒适谈话。使用单腿餐桌，可以坐得下更多人，甚至还能加出一个人的位置。

流连忘返，是"安适"氛围的要点

家人团聚、朋友相聚等场合下，令人愉快交谈、享受时光的重点，是要创造出使人不想离开的氛围或相处空间。

将沙发围绕成一个圆形，能够营造出围绕着篝火谈话的亲密氛围，再垫上坐垫，铺上地毯，更能使人流连忘返。

即使不能营造出这样的空间，也尽量不要在座位面前设置过道，让人想要随时离开。借助家具的摆放，用心去营造一个充满"安适感"的客厅吧。

在房间的角落里安置这样的家具，令人不舍离去利用开放式橱柜与梁柱打造出客厅中安适的一角，舒适的地毯让人难舍。（井冈家·奈良）

3 改变沙发的朝向来调整视野

通过改变沙发的朝向，可以调整自己的视野，在一室一厅的开放式房间中，可以根据自己的生活习惯来改变沙发的朝向。

家中有小孩子的话，将家里改造成从厨房可以直接看到客厅全貌的布局（视野开放型）会更放心。家中经常客人较多的话，将家中改造成沙发背对厨房的布局（视野阻隔型），这样仅凭声音就能感受到生活的气息，而折衷型就是结合了以上两种类型的方案。

餐厅与客厅尽收眼底的视野开放型摆放法

这种布局可以让主人从餐厅直接看到在客厅的家人，反映出户主希望与家人其乐融融的理念。（T家·京都）

独立出客厅的视野阻隔型摆放法

将沙发背对餐厅与厨房。即使在一室一厅的房间里，也像是利用沙发创造出了一个独立的客厅，可以把没有打扫完的家务和日用品挡在视线之外。（G家·埼玉）

将沙发面朝庭院，营造出开阔感

将面向庭院一侧的窗户打开，使屋子里面与室外融为一体。坐在沙发上可将庭院尽收眼底，尽情享受宽阔开放的氛围。（向井家·鹿儿岛）

有意在布局上拓展视野，营造出"宽敞"与"开阔"感

日常生活中，坐在沙发上的视野与沙发的外观同等重要，能够对房间的舒适度与开阔度起决定作用，因此，应当在沙发朝向和视野上多花些心思。

想要凸显房间的宽敞感时，应以沙发为起点延伸出视野。在视线方向上放一些艺术品或是装饰物，能够将人的目光引导过去。房间内空间不足时，将视野向室外引导，可以令人感受到开阔的氛围。

注意！

餐厅与厨房的视线范围

从餐厅直接能看到厨房，会给人杂乱的印象。可以选择用卷帘遮挡视线（下图），或用家具以直角角度与餐桌相组合摆放，这样可以不直接看到厨房。

使沙发朝向视野开阔的布局方案

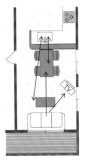

视野开放型

将沙发面朝厨房，可以使人在两者之间沟通自如，可以一边做饭一边看着孩子在客厅玩耍，适合有小孩的家庭。但从沙发上可以直接看到厨房，家中客人较多时，会显得杂乱。

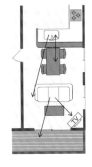

视野阻隔型

从厨房可以看到餐厅与客厅的状况，但坐在沙发上却看不到厨房，既保持了一体感，又可以在餐厅与沙发处形成两个独立的空间。适用于家中客人较多，或是有意将室内与室外视野相通的家庭。

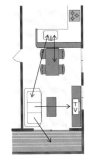

折衷型

中和了左边两种方案的布局方案。坐在沙发上直视时只能看到厨房一小处，如想看到厨房全貌只要一转头。将沙发贴墙放置也能利用有限空间，坐在沙发上也可以看到室外，给人以恰到好处的开阔感。

在墙上的置物架上摆一些装饰物，作为房间内的焦点

在餐厅墙上的置物架上摆放一些自己喜欢的小物件来装点这面墙，作为整个房间的亮点。（中村家·福井）

POINT 5 在房间内设置一些亮点，塑造出有张有弛的家装格调

　　客厅与餐厅中最需要的就是这样的"亮点"，可以在一瞬间抓住来人的眼球，可以是一些画或是小装饰物，也可以是精美的家具。

　　为了营造出一眼便能看到的亮点，关键是要将其他的物品收纳整洁，才得以凸现出这一点。如果将房间整体都装饰一通，则会让人找不到重点，还会给人以杂乱的印象。在想要强调的位置上放置壁灯或是落地灯，用光线强调，更能吸引人的注意。

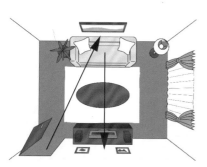

"亮点"是什么

亮点是进入一个房间后视线自然聚集的地方，在一开门后就能看到的墙上设置亮点，效果最为明显。

在沙发背靠的墙上并排悬挂三张相框，令人印象深刻

在自己的房间里，沙发背靠的墙上并排挂一些植物画，形成一道引人注目的风景。（谷家·兵库）

适合在粉刷过的墙上塑造出的效果

在橄榄绿色的粉刷墙壁上粘贴许多卡片与相框，将整面墙作为房间的亮点。其他墙面都以简洁为主，特地凸现出这面墙。

（奥野家·爱知）

卧室

POINT

1 留出开关门、整理床铺与进出等活动的必要空间

在卧室不仅要睡觉，还有换衣服、整理床铺等活动，所以卧室里除了床以外，还要摆放一些收纳用的家具。

床的周围不止需要留出能够过人的空间，还需要为整理床铺留出一定的空间，不然在替换床单时会十分不便。在床边放一把凳子或是矮柜，既能节省空间，又能够摆放台灯、眼镜、闹钟、手机等物，十分便利。床与平开门的衣柜之间，要留出90cm左右宽的位置，推拉门与折叠门的衣柜，则只需留出50-60cm。

两张简易床并排，腾出整理床铺的空间

将两张简易床摆放在一起，在一旁的凳子上放置台灯与闹钟，也能留出整理床铺的必要空间。（M家・东京）

床周围需要留出的必要空间

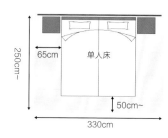

两张单人床

两张单人床合并在一起，就不会因为翻身而互相影响睡眠，较为宽松。如果一侧贴墙放置就会给日常的整理工作带来麻烦。

一张单人床

将床贴墙摆放，被子就容易从另一侧滑落，最好在床与墙之间留出10cm的空隙。

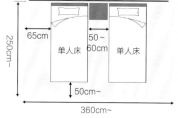

两张单人床

两张单人床分别放置，大约需要近10m²的面积。如果房间内还有衣柜与梳妆台的话，最好留出13m²的空间。

一张双人床

放置一张双人床只需要7m²多的空间，适合空间不大的房间，请注意开关门时不要让门与床磕碰。

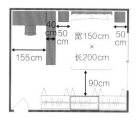

面积约为16.2m²的卧室 ❶

间壁的高度应注意，不遮挡书房的通风与采光，同时也能阻挡光线照进卧室，避免影响家人睡眠。

面积约为13.44m²的卧室 ❶

放一张双人床，可以为小桌子或是梳妆台留出空间。卧室内还可放置收纳箱与电视机。

面积约为9.72m²的卧室 ❶

依照图中方向放置，便可在双人床的三侧都留出空间供人走动，便于整理工作。

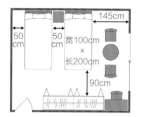

面积约为16.2m²的卧室 ❷

卧室中即使放两张单人床，还可以留出空间做夫妻二人的私人起居室，可以放一些小型的桌椅。

面积约为13.44m²的卧室 ❷

图中为安置两张单人床的基础方案。可以在衣柜旁放置桌子或是梳妆台，但需要考虑这两处的光线问题。

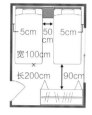

面积约为9.72m²的卧室 ❷

将头朝向墙一侧放置两张单人床。这种布局方案中床与墙之间只能相隔5cm左右的空隙，为维持布局的对称性，即使其中一张床的尺寸较窄，两边也要统一留出5cm的空隙。

POINT 2 在靠床头的墙上加装饰，卧室既实用又美观

将床头与墙贴合的这种布局，让床远离易受室外温度影响的窗前，在保暖或避暑的同时，还可以给人以安全感。

还可以将床头一侧的墙作为整个房间的亮点，通常可以用画作与布艺来装饰。尽情将靠床头的一整面墙打造为一处焦点吧。

卧室的舒适度直接影响了家居整体的舒适度。推荐在卧室里放置桌椅，将房间打造成不仅可以休息，还可以享受读书与音乐的综合空间。

简洁而有品位的卧室

客房内白色与蓝色两面墙的搭配十分美观。床头一侧的墙上装饰着风格简约的挂画，整个房间显得品味高雅。（米山家·北海道）

儿童房

1 让孩子可以自己打扫房间

　　孩子的房间中，一些必需的家具会随着孩子的成长而更替。从幼儿时期的衣物玩具收纳箱，逐渐变为学龄时期的书架与书桌，这期间，收纳衣物与运动用品的箱柜也要变得更大，才能满足需求。购买一些相对百搭的家具，便于您随着孩子的成长来改变房间的装潢。

　　将孩子的房间布置成自己就可以穿衣、打扫的格局，也可以锻炼孩子的自理能力。因此，应考虑购入方便孩子收拾整理的家具。房间内空间有限，过大的家具可能会不便于房门的开关。应实际测量得出方便孩子活动的、最合适的家具尺寸以及布局方案。

家具之间的必要空间

书桌与开放式书柜之间的距离设置为70cm左右，想要拿书的时候只要一转身就可以拿到。

书桌与床之间的距离设置为110cm，即使一人坐在书桌前，另一人也可以从其身后走过，不需要这条过道的话，间距可以缩小为70cm。

柜子前面需要留出75cm的空间便于拉开抽屉与下蹲，间隔太窄会不便于走动。

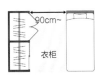

放置两个宽90cm的平开门衣柜，需要与床之间留出90cm的空间。推拉门与折叠门的衣柜则只需要50~60cm的空间。

开放式柜子

床与开放式柜子之间只需留出50~60cm的空间，窄而高的家具需要配备防止地震时倾倒的固定装置。

儿童房的布局方案

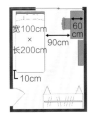

面积约为9.72m² 的儿童房

将书桌背向床摆放，更能使孩子专心学习。为防止光线过暗，窗户应在惯用手的相反侧。

面积约为7.29m² 的儿童房

这样大小的房间可以放下一张床、一张书桌与柜子。当然也可以选择能够将书桌与柜子组合于一体的爬梯床。购买3层的多功能收纳柜，以确保其实用性。

加入一些易于整理的收纳用工具

房间内虽放有衣柜，但由于孩子年龄尚小，于是摆放了一些较矮的收纳箱。(I家·埼玉)

幼儿期

10cm
宽100cm × 长200cm 双层床

这个时期的孩子多在餐桌上写作业，房间内不用摆放书桌，在房间中央设置了宽阔的娱乐空间。

小学生

10cm
宽100cm × 长200cm 双层床

将书桌安放在房间一侧，在床与书桌之间安置阻隔用的窗帘，更能突显房间的独立感。

中学生（男孩与女孩）

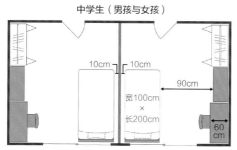

10cm   10cm   90cm
宽100cm × 长200cm
60cm

一男一女的情况需要独立出两个房间。如果是将来打算分成两间房，则需要预留出门窗与插座的位置。

中学生（两个男孩或两个女孩）

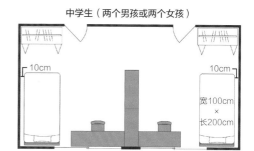

10cm   10cm
宽100cm × 长200cm

两个孩子性别相同的话，即使上中学也可以不用将房间分开。可以放置高度为坐着看不到对面的书架来分割出空间。

POINT

2

根据孩子由幼儿时期到学龄期再到青春期的成长来改变布局

　　有两个孩子的家庭，在孩子到小学低年级之前大多选择让他们同住一室。这种情况下应在建造初期就做好将来分为两个房间的计划，并将孩子的房间设计得足够宽敞。

　　有了这样的事先计划，就可以开始根据孩子的成长来调整布局。幼儿时期，要将家具贴墙放置，以留出中央孩子能尽情玩耍的场地。青春期时要注意使用一些能够起到阻隔作用的收纳用家具，或是加一面墙壁来划分两个孩子各自的空间，这样既能尊重孩子的隐私，又能够让孩子专心学习。

学龄期孩子的房间，一间内并排放置二张书桌

姐妹二人的房间附带了阁楼，为方便将来分成两间房而设置了两扇门。目前将两个配套的书桌并在一处。（岛田家·东京）

CHAPTER

5

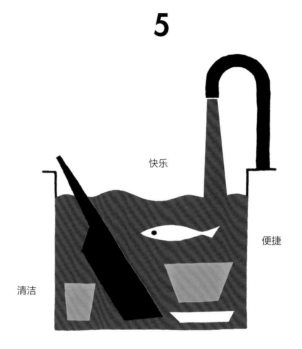

快乐

便捷

清洁

厨房设计好，
做的菜也更好吃了

——厨房的整体设计和布局

掌管饮食与健康的厨房，是整个家的核心
从挑选厨房与厨房布局，再到整体厨房与其中部件，
收集最新信息，全面了解厨房。

结合生活方式与实用性的家装方案

厨房布局与尺寸的基础知识

每个家庭都有不同的厨房使用方法，因此要选择适合自己生活的厨房布局

厨房布局基础

厨房的布局

从面积与做饭的效率出发，选择适合自己的厨房布局

在决定厨房布局时，先要考虑到厨房的面积，以及与客厅餐厅相通的位置，还有做饭时的习惯。

在空间紧凑的厨房中，将料理台等全部置于墙边的I型最节省空间。但要注意的是，厨房空间小，容易造成收纳空间不足，东西摆放在外面就会显得杂乱。应事先想出一个方案，既能够合理放置餐具橱或是食品储藏室，又不妨碍进出。如果餐具橱离厨房太远，来回就需要走较长的距离，效率较低。I形的厨房如果过长，左右来回的路线也会很长，不方便做饭。

L形和U形都有方便活动的优点，还可以使做饭时的空间变得更加宽敞。

将料理台设置在厨房中央，可以从四个方向来使用水槽与灶台，适合于客人较多的家庭，同时，这种布局需要厨房的空间较大。

I形

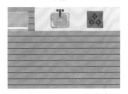

— 优点 —

节省空间，做饭时只需左右移动。

— 注意点 —

厨房过长，会使移动范围扩大，不易于日常使用。

L形

— 优点 —

缩短移动范围，提高做饭时的效率。

— 注意点 —

拐角处容易成为卫生死角。

II形

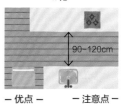

90~120cm

— 优点 —

水槽边与灶台旁边有足够的空间。

— 注意点 —

左右移动范围缩小的同时，转身的次数变多了。

U形

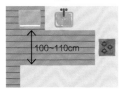

100~110cm

— 优点 —

有了足够的空间，做饭时更加方便。

— 注意点 —

需要留出一条方便进出的过道。

岛形

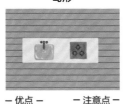

— 优点 —

可以从四个方向使用，实现多人一起做饭。

— 注意点 —

与其他布局方案相比，更需要宽敞的空间。

半岛形

— 优点 —

一侧贴墙放置，即使房间宽度不足也可使用。

— 注意点 —

料理台太长，会因经常往返而感到不便。

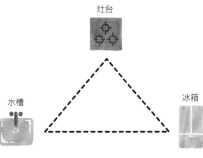

灶台

水槽　　　　　　　　冰箱

三角形工作区指的就是灶台与水槽、冰箱之间形成的三角形区域。理想的布局方案就是使这三处在布局上接近三角形，每一条边设计在两步以内的距离，三边之和控制在3.6m~6m之间最为便捷。

打造出适合做饭和用餐方式的厨房

（上图）适合全家人一起做饭的岛形布局（LIXIL）。（右下图）厨房与餐桌相连，使得做饭、上菜、收拾餐桌这一系列动作能够流畅进行。（CLEANUP）。（左下图）从客厅餐厅处看不到手上动作的面对面型厨房（TOCLAS）。

厨房尺寸

日常的顺序是冰箱→水槽→灶台。料理台的高度要适合自己的身高

为能够更方便地使用厨房，需要为水槽与灶台周围留出必要的空间。但灶台水槽与冰箱三者之间又不能间隔太远。最为适宜的方案是，这三处连接成的三角形每一边的距离都不超过两步。再以冰箱→水槽→灶台的顺序放置，就可以提升做菜的效率。

如果料理台的高度适宜使用者的身高，做菜时的动作对身体的负担就会较小。目前市面上的料理台纵宽多为65cm。改造过的料理台纵宽多为60cm，总体给人以狭小的印象。

若采用客厅餐厅与厨房面对面型的布局，可使用在空间狭小的厨房也能放得下的纵宽75cm的料理台，或是纵宽100cm左右的料理台。

若比图上的尺寸再窄一些，就需要延长台面的宽度，或是做飘窗设计,确保料理台上的空间布局便于使用。

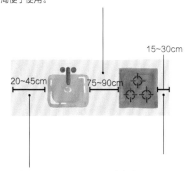

20~45cm　75~90cm

15~30cm

料理台的高度

想要在一旁放置沥水盒或是洗碗机等物，需要留出必要的空间。也可以将洗碗机放在水槽的右边。

出于安全考虑，灶台与墙之间至少应有15cm的距离。如果想在此处放置锅或是碗等物，则要至少留出30cm的空间。

料理台的最佳高度为身高×0.5+5（cm）。也可以用现在使用的料理台的高度为基准,适当加减。

第2课

厨房器具的配置

厨房器具

选用性能优越，外表美观的厨房器具，您在厨房的每一天都将变为享受。

单品 01

料理台面

挑选料理台面的标准是美观、耐久以及易保养

台面的材质一般为合金，或是人造大理石。合金材质耐水耐热，结实易保养，表面采取金属拉丝工艺，还可避免划痕过于明显。一体型的料理台没有接缝，也就不易积攒脏污，保养起来十分简单。

若选择自定义厨房，还可以选择花岗岩或天然木材、瓷砖等材质的料理台。

合金材料，耐水抗污
在高耐久度的合金表面上镀一层表面涂层，制成精美的料理台。Cleanup【S.S】

为厨房研发的特殊大理石材料
不易残留，轻轻擦拭就能保持表面的整洁光亮。TOCLAS【Berry】

单品 02

橱柜门和把手

橱柜门与把手决定了厨房的风格，因此要结合整体的风格来挑选

当厨房整体为一个套装的时候，多数情况下，同一系列的商品通用一套说明书。橱柜门与料理台面的价格则根据您的选择而有所不同。

价格适中的橱柜门大多为印上木制纹路的胶合板，表面经过防污处理。厂家一般会根据橱柜系列为其配备不同数量和种类的把手。

可以自由选择多种材质与花纹
有合成材料涂装制品或是纯木材质等多达100种材质与花样的选择。/Panasonic【L-CLASS】

放置厨房电器的组合柜
设置组合柜与收纳橱，可以使厨房整体更整齐划一。/Panasonic【L-CLASS】

水槽和水龙头

挑选水龙头的要点是其实用性与设计，挑选水槽则要看是否易于清洁

　　水槽材质中最具代表性的就是合金。结实耐用，不易产生划痕，也不易藏污纳垢，便于清洁。人造大理石制水槽有白色或是其他柔和的颜色可选，可以搭配不同色调的厨房。大理石制水槽同样易于清洁，还可以与大理石制的料理台搭配。

　　水槽的尺寸多为至少能够放下一口炒锅的大小。最近新出了与排水口一体化的水槽，便于清理，又能抑制水流过大的声音。

　　能够单手使用的单侧水龙头目前大受欢迎。感应水龙头因其在手脏的时也能要伸手开关的操作，同样受到欢迎。而水龙头可以通过调整水管的角度，清洁整个水槽。仿照天鹅颈弧度的水龙头，出水口高，适合清洗较深的锅。

彩色合金，美观的外表十分受欢迎

在合金制品上加以结晶玻璃，经过特殊工艺处理，使其耐热与耐久度都得以提高的同时，也更加美观。"COMO水槽 COMO-V8"。耐磨性强，易于清洁与保养。/COMO

美观的设计为厨房工作带来乐趣

可以调整花洒式出水与正常出水两种方式的"MINTA"节能水龙头。/GROHE Japan

水流自上而下像是扫帚的须条，这种广范围花洒式水龙头十分受人欢迎

这种广范围花洒式水龙头也可使用触摸式开关。"触摸式花洒式水龙头"。/TOTO "THE CRASSO"

即使手上脏污，也可通过传感打开水龙头

"Navish"水龙头使用传感器，不用手触摸就可以轻松进行出水停水的操作，还附带节水功能。/LIXIL

水管式水龙头，可自由调节出水的位置

水管状的出水口便于清洗锅与水槽，可替换为按压型开关。"SUTTO"/三荣水龙头

便于洗菜的宽型水槽，可使蔬菜残余随水流被平缓冲走

"方形倾斜水池"，可使蔬菜的残渣被平缓冲至排水口处。/TOTO "THE CRASSO"

"引流式水池"通过水流可轻松清洁水槽

水槽内设计了从手边一直到排水口的引流道，可以将水与蔬菜残余轻松冲走。/Cleanup "S.S"

简约至上！可一次性清洗七人份的餐具

内置刀叉餐具专用的置物篮。宽45cm的嵌入式洗碗机"G4800 SCU"/Miele Japan

洗碗机

在置办新家的时候，推荐采用嵌入式洗碗机

　　虽然有放置在料理台上的桌上洗碗机，我们还是推荐在新装修时使用嵌入式洗碗机，这样可以为料理台腾出更多空间。

　　日本产的洗碗机多为抽屉式，可以让您轻松取放餐具。其他海外制品以坚固耐用著称，多为前开门式。在挑选时应确认自家碗碟的数量。开放式厨房中，应挑选运转声较小的洗碗机。

灶台

单品 05

应考虑到平时做什么类型的菜、灶台的安全性、是否易于清洁，以及设计风格

挑选煤气灶，最好选择装有立即熄火与防止油温过热等安全装置的。多数灶台都配有小型锅架与玻璃制的台面，便于清洁与保养。如果喜欢做饭，必不可少的是可以两面翻烤的烧烤架。还有更高级的烧烤架，上面可以放上荷兰烤肉锅，也十分受人欢迎。

IH电磁炉可以通过电磁感应来使锅体发热，从而做到加热饭菜的作用。发热效率高，不使用明火加热，不会污染空气，安全性好，有小孩与老人的家庭也适合使用。上升气流少，周围不易散播油烟，也推荐有开放式厨房的家庭使用。表面光滑平整，易于日常清洁。

铸造式锅架，满足传统派的要求，还配有荷兰烤肉锅专用锅架

"超·强火力灶台"使做饭变成一种乐趣。配有荷兰烤肉锅专用锅架"＋do GRiLLER"/Rinnai（东京燃气）

多功能IH电磁炉

搭载"烧烤助手"功能，可以帮助您自动设定发热的温度与时间。使用远红外线电磁波加热，性能优越。K2-773/Panasonic

搭载多种功能的新型灶台

"PROGRE. Plus"附带液晶屏的多功能灶台，配备多个锅架。/NORITZ

油烟机

单品 06

根据不同场合与布局计划来选择合适的油烟机

油烟机由其风扇的不同，主要分为两类：首先是从背面（或是侧面）排气的侧吸式油烟机，直接向外排出油烟等气体，需挑选合适的安装场所；另一种是通过排风管道向外排气的顶吸式油烟机，其特点是不用特地挑选安装的位置，适用于与客厅正对的厨房及岛式布局的厨房。侧吸式油烟机易受户外风的影响，因此在风力较强的2楼厨房等处，适合使用顶吸式油烟机。

购买油烟机时应注意的要点是，油烟机是否易于清洁，抽排油烟的能力与运转时的噪音大小。在开放式厨房中，更应挑选吸油烟能力强，运转噪声小的油烟机。在开放式空间中也应注意挑选油烟机的颜色与外观。

适用于开放式厨房的设计

推荐于开放式厨房使用的直线型简洁设计。"range hood collection HI-90S"/Acca Inc.

造型新颖的圆形油烟机

"Giglio"造型复古，兼具易清洁的特点，有黑白两种颜色。/ARIAFINA

一键轻松解决清洁问题

一个按键就，可以让油烟机自动清洁滤网与风扇。"可自动清洁式油烟机"/Cleanup "S.S"

橱柜

设计橱柜时，应注意不要形成卫生死角

挑选橱柜时，应该分析内置物的使用频率与重量，由此决定橱柜的尺寸与位置，以及橱柜门的样式与材质。

落地式橱柜一直以平开门为主。近年来，抽屉式也大受欢迎，虽然比平开门式橱柜造价更高，但在做饭时可以便捷地开关，也容易看清里面放置的东西，取放物品也更方便。

橱柜有高至天花板的，也有及腰高等各种尺寸，如果能将电器也一同收纳，厨房中就会显得更加简洁明亮。置于料理台上的橱柜如设置成可以电动或手动控制升降，物品取放就会更加便捷，也可以更有效地利用空间。

愈发受人瞩目的便捷悬挂式橱柜

通过"自动系统"，轻触一下就可以控制橱柜自动升降，还可搭载沥干杀菌功能。/Cleanup "S.S"

细致周到的收纳橱柜，想用时随时可以拉开

抽屉式橱柜，可将大型锅具与长柄厨具一并归纳其中。/ Noritz "recipia plus"

可以一次打开里外两层抽屉

一次拉开里层抽屉的"落地式橱柜"。可一并容纳大锅和小型厨具。/TOTO "THE CRASSO"

可以一眼看到里面，避免形成卫生死角

将拐角处也设置成收纳柜，不易形成卫生死角，食品储藏室型的收纳柜——"边角柜"。/ LIXIL "Richelle PLAT"

厨房中的专用名词

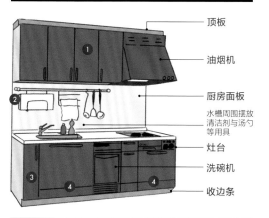

- 顶板
- 油烟机
- 厨房面板
  - 水槽周围摆放清洁剂与汤勺等用具
- 灶台
- 洗碗机
- 收边条

❶ 壁挂式橱柜内放置着食物与餐具等物。还有许多不同高度的橱柜，可根据内容物与窗户的尺寸进行挑选。

❷ 在平视角度上可以放置长柄勺之类的厨具与案板，这样可以提高做菜时的效率，有效利用触手可及的空间。

❸ 水槽边沿上的橱柜中摆放一些厨具与调料等常用物。

❹ 在灶台与水槽之下最好选用抽屉式橱柜。也可在水槽下空出一片区域，用于放置垃圾桶。

第 3 课

厨房和家装整体风格

▽
整体规划

在筹划厨房布局时，不仅要计划厨房本身，也需要考虑到客厅与餐厅。

FILE 01

开放式厨房

十分讲究木制品颜色的厨房，令人身心放松

在一室一厅的房间中，设计出以一侧贴墙的半岛型布局的厨房。选择开放式厨房，是想与家人随时对话，又喜欢它通透的格局。背面的墙边装有开放式壁橱与不高的家电用品，更加给人以亲近温暖的感觉。整个房间充满了各式各样温柔的原木色，给人简洁明亮又温馨的印象。（miki家·大阪）

利用起有限的空间，让家人愉快地交流

开放式厨房指的是起居室、餐厅、厨房都处于同一空间，之间没有间隔。比起各自位于独立房间的方案相比，更节省空间，还会显得室内更加宽敞，也因此近来十分受人欢迎。

在厨房的布局方案中，贴墙摆放的I型布局最为节省空间。根据房间的大小不同，还可以选择对面型布局与岛型布局。对面型布局中，若在面朝起居室与餐厅一侧的料理台周围建一个高出一些的延展台，就不容易让水溅到外面，从起居室与餐厅也不会看到做饭时的动作。

为了防止油烟扩散到厨房以外，需要使用风力更大的油烟机，还可以在灶台周围设置玻璃挡板。

家中空间狭小，也可以打造得十分舒适宜居。

空间开阔，通风型好，厨房光线明亮。

可以一边做饭一边与家人聊天。有小孩子的家庭还可以实时观察孩子的活动。

更容易让家人一同参与到做饭中来，享受欢乐时光。

为控制油烟与做饭的气味扩散，应使用风力更大、排风效果更好的油烟机。

使用抑制流水声的水槽与运行声音较小的洗碗机与油烟机，不会打扰到客厅内的家人。

厨房的装潢风格应与客厅和餐厅相统一，多购置一些收纳用品。

"开放式厨房"的规划要点

（左图）岛形厨房布局。优点是能够从四个方向使用厨房，但料理台周围应留出必要的移动空间，更适合宽敞的房间使用。（右图）将形布局中的料理台贴墙放置。可使起居室与餐厅空间更加宽敞，适合室内空间较小的房间。

半开放式厨房

可以看到起居室与餐厅，还能够遮挡住厨房内的情形

半开放式厨房，是在起居室、餐厅与厨房之间设有室内窗（打通了厨房与其他房间的隔墙，墙两侧设窗），与起居室和餐厅之间有适当的隔断。根据窗口的大小，或可使厨房形成相对独立的空间，或可达到开放式厨房的开放度。

这种厨房的布局可通过窗口看到餐厅与起居室的情形，因此一般将装有水槽的料理台面向起居室与餐厅。在通道间装上门的话，可将厨房打造成为一个更加独立的空间。在窗口靠近起居室餐厅一侧加置一处料理台，可以用来进行简餐与上菜。

"半开放式厨房"的布局要点

将带有水槽的料理台面向起居室餐厅，在厨房与外界的隔墙上打通一个窗口。能够通过窗口与厨房留出一个相连的空间。

[优势]

厨房与外界之间既能保持适当的独立，又能够相连。

通过窗口就能看到家人在餐厅与起居室的情形，并融入其中。

从外界不易看到厨房内部，隐藏起油烟

[需要注意的问题]

比起开放式布局，能够将厨房的油烟阻挡在餐厅与客厅之外，但如果油烟过重，还是需要选用更加强力的油烟机。

窗口留得过小的话，容易使厨房采光不好，因此要特别注意在过道一侧安置窗户，或选择玻璃门等透光型好的厨房门。

隐藏着烟火气又保持适当的联通性，充满时尚咖啡厅风格的厨房

厨房两侧设置了出入两个通道，使活动动线更加顺畅。厨房与起居室之间打通了隔墙形成窗口，联通两个房间。从起居室不会看到厨房全貌，还能够进行无障碍的交流，如此布局堪称绝妙。（太田家·茨城）

起居室、餐厅、厨房各自独立，各个房间都设置房门。根据需要可以选择将门打开或是关上，可调控各个房间是独立还是联通。围绕着外间小院将房间设计成L字形格局，再安装多扇窗户，就可以营造采光好、通风好的房间。

[优势]

能够专注于做菜与打扫收拾。

做菜时产生的油烟与污渍不会扩散到其他房间。

不会泄露油烟，使家中干净整洁。

[需要注意的问题]

单独的房间，不易与家人交流，做饭时或许会产生孤独感。

如果厨房空间狭小，则会产生闭塞感。可购置色调明亮的置物柜或是室内装修物。也要注意室内的采光与排气问题，需要制定安装窗户的计划。

准备一台小推车，可以轻松将所有的饭菜送到餐厅。

简洁的出入口将起居室、餐厅与厨房互相分割，乐于在各个房间营造不同的氛围

出入口没有安装门框，给人以新潮的印象。客厅与餐厅主要采用松木，而厨房的地面却铺上瓷砖。厨房的料理台上也有意采用了涂装过的合成材料。拐角处设置了开放式橱柜，既能作收纳用，还可作装饰。

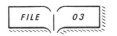

FILE | 03

封闭式厨房

将油烟封锁在房间内，能够心无旁骛地做菜

封闭式厨房，就是将厨房与其他房间完全分离开来，适合于希望隔绝油烟、专心做菜、不想使油烟扩散到其他房间的人，以及房间布局传统、来客较多的家中。

但这样的布局中，在厨房的人就无法融入一家人的交流，容易造成孤独感。因此需要制定一些计划来照顾家人的感受。而如果空间过于狭小，就容易造成闭塞与压迫感，封闭式厨房适用于厨房空间较大的宽敞房间。如果您家的封闭式厨房面积较小，那么也可以在厨房门、地板与墙壁等处使用色调明亮的材料，这样使人感觉更加宽敞，安装飘窗也可以解决这一问题。

TOTO

THE CRASSO

与起居室融为一体的新式设计

　　节省空间的美观微型厨房，"THE CRASSO"系列。结合了能够使蔬菜的残渣被平缓冲至排水口处的"方形倾斜水池"，与保养方法简单的"零滤网风斗型eco"油烟机等各种实用器具，还具有易于保养的优点。让每天的清洁工作变得省力，可长期保持光鲜亮丽。

TOTO 东京展厅

东京市涩谷区代代木 2-1-5
JR 南新宿大厦 7・8F
电话：0120-43-1010
营业时间：10：00~17：00
休息日：每周三（逢节假日则照常营业）、夏季休假期间、年末年初休假期间
www.toto.co.jp/

"零滤网风斗型eco"油烟机，可轻松清洁油污

无须滤网的油烟机，只用简单拆卸挡板就可以将表里清洁如新，一向繁琐的油烟机清理工作都变得简单。

3度的倾斜角，可以保持水槽时刻干净整洁

"方形倾斜水池"，绝佳的倾斜角度，使得蔬菜残余都被平缓冲至排水口。一体式的设计也使得水池易于保养。

高耐用度的料理台，便于护理保养

新登场的"结晶玻璃料理台"，耐热、耐划伤，耐久度也十分高。划痕用海绵即可轻松擦除。

将设计精细到水龙头与油烟机等每一处细节，真正创造出美的空间。房间宽度274.6cm的岛形布局厨房。

性能与设计的再升级！

最新整体厨房设计样式和信息

CHAPTER.5 | KITCHEN

功能与设计都更加进步的厨房整体。集合了"易于下厨"、"易于保养"与"使用感好"三大优点的最新款式。

平面元素较多的厨房便于下厨与饭菜装盘，更便于家人之间的交流沟通。横款255cm的 i 形布局厨房。

用心制成的推拉式橱柜

为使取用厨具更加便捷，而发明的抽屉与橱柜门之间形成倾斜角度的"便利抽屉"。

耐热耐磨的陶瓷质地料理台

采用最新的陶瓷工艺制作成的料理台，既实现了品质的进一步升级，又具备了高耐久性。

内置的感应装置
能够实现自动出水停水

即使在做饭过程中弄脏了双手，这款水龙头也能使您不用拧动水龙头就可以将手洗干净。可以调整水龙头的角度，在清洗较大的锅时也可以轻松完成任务。

厨房 | 002

LIXIL

LIXIL SI

经心布局，设施完善，功能多样，旨在保持室内的美观

使人每天都享受用餐前的准备过程，这种餐厅的布局计划追求人们使用的舒适感。这种布局之下各种物品进出便捷，日常的活动轨迹也被规划得井井有条，令下厨做饭变得更加愉快。陶瓷质地的料理台因其有着独特的温润感与超高的实用性，而受到一致认可。橱柜门的配色与收纳的方法也是多种多样，通常会考虑继续使用精致美观的配置。

LIXIL 东京展厅

东京新宿区西新宿 8-17-1
住友不动产新宿办公楼 7F
电话：0570-783-291
营业时间：10：00~17：00
休息日：每周三（逢节假日则照常营业）、夏季休假期间、年末年初休假期间
www.lixil.co.jp

PANASONIC

L-CLASS

从各式各样的色彩中挑选出符合房间风格的颜色

通过料理台下的柜门与把手的一体化设计，形成协调统一感。选择柜门的制作工艺是涂装还是高档的天然木制，这样可以从上百种颜色纹路中挑选出最合适的颜色。"多功能IH电磁炉"与"PaPaPa水槽"是大受欢迎的厨房单品。

PANASONIC 生活展厅

东京市港区东新桥 1-5-1
电话：03-6218-0010
营业时间：10：00~17：00
休息日：每周三（逢节假日则照常营业）、夏季休假期间、年末年初休假期间
sumai.panasonic.jp/sr/tokyo/

改造得空间更大的水槽，便于清洗蔬菜，清洁水槽

"PaPaPa水槽"，空间更大，能够轻松清洗大型厨具。不残留污垢，便于清洁。

宽型IH电磁炉，能节省下厨时的活动空间

可以同时加热四个锅的"宽型IH电磁炉"。在灶台前方设置的空间方便盛菜装盘。

橱柜门有100种款式，料理台有29种款式，门把手有10种款式可供选择。房间中配备了最新的厨房设施。房间宽度349+229cm的Ⅱ型厨房。

遮挡住自己下厨时的动作，可以与家人进行交流的对面型厨房。房间宽度255cm的近距离对面型厨房。

在排水口的设计上也多加斟酌，大受好评的"大理石水槽"

排水口的底部设计一个排水槽，两侧可排水的"口袋式排水"，由此蔬菜残余可以平缓流走水槽与料理台都变得更宽，方便使用

水龙头配置在水槽左侧的斜上角，使得水槽内部得以腾出更大空间。在背板前可以摆放清洗剂。

TOCLAS

TOCLAS KITCHEN Berry

料理台与水槽的组合带来的愉悦感受

有8种颜色可选的"大理石水槽"，与有10种颜色可选的料理台面板相组合，享受色彩搭配的乐趣。清洗用品与调料都贴放在水槽身后的背板上，料理台上则显得比较整洁。立刻就能找到想要的东西的"省时厨房"。

TOCLAS 新宿展厅

东京市涩谷区代代木 2-11-15
东京海上日动大厦 1F
电话：03-3378-7721
营业时间：10：00~17：00
休息日：每周三
www.toclas.co.jp/

CLEANUP

S.S.

橱柜的每一个细节都用结实的合金制成

橱柜内部也同样以合金制成，不易沾染气味、防锈防蚀，能够长久保持清洁。

经特殊镀膜处理，轻轻擦拭就能光洁如新

合金制成的料理台，耐划耐脏，镀膜处理，能够轻松使其恢复崭新面貌。

轻轻擦拭就能整洁如新的料理台与橱柜

畅销不衰的"S.S"系列中，内部也使用合金制成的橱柜最受欢迎。经过特殊的镀层处理的料理台台面，以及不易残留污渍的合金水槽，都显露出便于清洁的设计感。

CLEAUP 厨房展厅·东京（新宿展厅）

东京市新宿区西新宿 3-2-11
电话：03-3342-7775
营业时间：10：00~17：00
休息日：每周三（逢节假日则照常营业）、夏季休假期间、年末年初休假期间
cleanup.jp/

即使标准的布局方案，在风格鲜明锐利的金属橱柜衬托之下，也会变得流行和时尚。房间宽度270cm ⅰ 型布局厨房。

厨房与餐厅融合在一起的开放式布局方案。以白色为主色调，突显整洁感。房间宽度274cm的 ⅰ 型布局式厨房。

无论是清洗蔬菜还是清洗碗碟，都能轻松胜任的水槽

空间足够宽敞的方形水槽，配备操作台与垃圾袋。

让您愈发享受下厨的乐趣，专门为使用煤气而设计出的完美功能

扩充了烧菜空间的"多功能烤架"，同时使用了"双重高强火力"等设计，搭载专门为煤气灶而设计的多种功能。

NORITZ

recipia plus

用心研究符合活动路线的设计，在厨房的作业一气呵成

精心总结准备饭菜与收拾餐桌时的活动轨迹，设计出能够提高效率的布局方案。方便整理蔬菜残余的垃圾袋、便捷实用的方形水槽、近在咫尺的橱柜等，通过这些便捷的设计使每天的家务变得更加轻松。

NORITZ 东京展厅 NOVANO

东京市新宿区西新宿 2-6-1
电话：03-5908-3983
营业时间：10：00~17：00
休息日：每周一、周三、夏季休假期间、年末年初休假期间
www.noritz.co.jp/

Takara standard

LEMURE

厨房中多采用材质坚硬易于清理的珐琅材料

充分运用珐琅材质的性能，打造出充满高档感的橱柜。使用易于清洁的人造大理石与高级人造大理石制成的料理台台面、玻璃制灶台等，经严格选料打造而成的厨房。

新宿展厅

东京市新宿区西新宿
6-12-13
电话：03-5908-1255
营业时间：10：00~17：00
休息日：全年无休（夏季休假期间、年末年初休假期间除外）
www.takara-standard.co.jp/

人造大理石制三层水槽，是您洗菜切菜的好帮手

配备能够横向滑动的案板与两张沥水网，操作的空间更大，便于洗菜切菜。

有多种颜色可选的珐琅质地厨房背板

"珐琅制易清洁厨房背板"，即便是油污也可擦拭干净。可以用油性记号笔在上面书写，用水即可擦拭干净。

以平直线条为主的对面型厨房。运用符合房间整体装潢风格的木制风格与复古风格，形成多种颜色的组合。房间宽度259cm的 i 型厨房。

表面采用镜面工艺的橱柜与样式优美的料理台，营造出轻松愉悦的气氛。房间宽度270cm的 i 型厨房。

EIDAI

PEERSUS EUROMODE S-1

与家具风格统一的欧风现代式厨房

与北欧风格家具相统一的现代式厨房，系统内采用最新的技术。设计风格左右对称，使用高级材料或涂装材料来打造令人舒适的空间。合金橱柜结实耐用，易于保养。

梅田展厅

大阪府北区梅田 3-3-20
明治安田生命大阪梅田大厦 14F
电话：06-6346-1011
营业时间：10：00~17：00
休息日：每周三、黄金周、夏季休假期间、年末年初休假期间
www.eidai.com

将不同的材质组合到一处，打造现代风格

合金质地的料理台台面与天然木材质地的橱柜门相结合，形成别样的美感。橱柜门有25种颜色供挑选。

用心设计决定厨房风格的橱柜门的材质

使用天然木制与镜面涂装材质、合金材质等凸显高档感的材料。柜门把手也有多种样式供挑选。

Ikea

METOD & BODBYN

在白色的简约风格厨房中，以细节营造个性差异

在大受欢迎的白色厨房中，凭借把手与水龙头等细节部分来创造出充满个性的空间。木制风格的料理台面营造出自然的风格。在橱柜中添置LED灯，也能带给人柔和的印象。

IKEA Tokyo-Bay

千叶县船桥市滨町 2-3-3900
电话：03-5908-1255
营业时间：10：00~17：00
休息日：全年无休（除1月1日）
www.ikea.com/jp/ja/

可以直接够到深处的旋转橱柜

可以根据放入物的尺寸调节置物板的高度的旋转式橱柜。柜门采用强化玻璃。

将每天使用的厨具都整齐摆进抽屉中

在抽屉中设置"刀叉"、"调料盒"等分门别类的隔间，使得抽屉内一目了然。推荐加装收纳柜专用的LED灯。

整个房间稍显复古气息。房间宽度264cm×229cm的L型厨房+房间宽度108cm×160cm岛型布局料理台。

橡木制乳白色柜门上留有浅显木纹。房间宽度301cm×408cm×156cm半包围型厨房。

Annie's

French Style

定制自己的法式风格厨房

综合自己喜欢的材质与工艺、尺寸、性能以及房内可用的空间，可以结合预算自己进行订制设计。能够打造符合自己生活习惯的厨房。"法式风格"以其细节精美的柔美风格而受人欢迎。

东京展厅

东京市新宿区西新宿 3-7-1
新宿花园大厦 OZONE 7F
电话：03-6302-3378
营业时间：10：30~19：00
休息日：每周三
annie-s.co.jp/

使用天然木材的定制橱柜

可以配合厨房风格自己定制橱柜。橱柜门上施以保留木纹的涂装工艺。

样式典雅的进口水龙头，提升厨房的格调

复古风格的水龙头，能够提高水槽周边区域的格调。进口水龙头也可以自行定制。

FILE

Custom Made Kitchen

搭配出最适合自己的整体厨房

热门家具商店的定制厨房以其对厨房的整体搭配而广受好评。注重厨房的清洁，用心挑选易于清洁的材料，考虑到用户的长年使用情况挑选合适的材质，定制符合生活习惯的室内布局以及收纳方案，精挑细选符合整体效果的样式。

FILE Tokyo

东京市大田区田园调布 2-7-23
电话：03-5755-5011
营业时间：10:00~18:00（预约制）
休息日：每周三
www.file-g.com

用心定制，精心挑选每一个用具的每一个部分
可根据需求随意组合料理台面与水龙头、洗碗机、油烟机等各种设备。

自然风格的定制橱柜
搭配料理台的定制橱柜，可以选择其材质为天然木材或是合成涂装材料。

采用搭配复古风格家具的胡桃木材质，打造风格稳重的厨房。房间宽度240cm×220cm的L型橱柜。

在L型厨房中添加了料理台，确保足够的操作空间。房间宽度265cm×213cm的L型厨房+岛型布局料理台。

滑轨抽屉式置物架，能够轻松拿出很重的厨具
根据"想要在灶台下安装滑轨式的开放式橱柜"的要求，定制出的作品。

在厨房中搭配自然风格的陶制水槽
将进口水槽与水龙头相组合，打造国外风格的厨房。具有装饰性的壁橱也可以挑选其玻璃的种类。

LiB contents

Order Kitchen

将作为住宅中心的厨房打造成"令人感到幸福"的地方

从零开始定制符合"想要夫妻二人一同下厨"、"想在自己家开设家政课堂"等生活习惯与布局的厨房。可以挑选进口的水龙头与烤箱，还可以定制油烟机与水槽。

LiB contents 展厅

东京市目黑区八云 3-7-4
电话：03-5726-9925
营业时间：10：30~18：00
休息日：每周日、夏季休假期间、年末年初休假期间
libcontents.com

CHAPTER

6

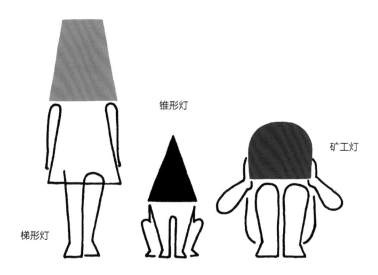

锥形灯

梯形灯

矿工灯

开一盏灯，
照亮我和家人的生活

——室内照明的基本规划

灯具是决定房间装潢是否成功的重要组成部分，
因而逐渐收到人们重视。

照明的种类与如何选择灯具

灯具因其重要程度而备受重视，让我们从灯具的外观设计、照明方式及范围等基础知识开始吧

照明基础知识

THEME

主灯和辅灯

在房间里设置多处照明设施，提高实用性，心情更愉悦

灯具分为"主灯"与"辅灯"。主灯的目的是照亮整个房间，最典型的主灯类别就是顶灯。辅灯负责照亮个别区域，依照用途分为两种：一种是台灯，为在桌上进行的工作提供照明。需要注意的是，如果只有眼前一处明亮，而房间整体很暗，则会影响视力。辅灯的另一种用途就是衬托室内的氛围，点亮房间内偏暗的角落，落地灯与壁灯很适合于这两种用途。

相较于其他布局方法，在天花板的正中央安装顶灯显得缺少创意，容易显得室内装潢单调。而如果将房间的主灯仅设置为工作所需的亮度，不仅在日常生活中会显得刺眼，电费也会因此增加。

房间内的灯具布置，需要考虑到用餐与读书等日常行为的要求，将主灯与辅灯相结合。这样既能够为日常生活工作提供便利，也能让心情更加愉悦。

主灯（整体照明）

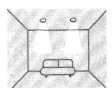

筒灯

由于安装时要镶嵌在天花板上，这种灯具适用于室内风格简单朴素或是天花板较低的房间。

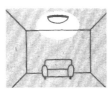

吸顶灯

安装在天花板上，此为从高处照亮整个房间的最基本主灯类型。近年来，市面上也出现了众多薄轻的顶灯款式。

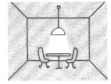

吊灯

运用钢索或是链条将灯具从天花板垂下的款式，多用于餐厅内。其种类繁多样式丰富，要根据餐桌尺寸及用途来进行挑选。

水晶灯

具有装饰效果，能将会客室或是家中的客厅打造得更加豪华。若用于天花板低的房间，则需要挑选体积较小的水晶吊灯。

辅灯（辅助照明）

壁灯

安装在墙上的灯具。能够照亮一面墙壁，并使房间的纵深看上去更深，更加宽敞。照亮的部分可作为房间内的亮点。

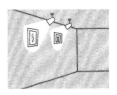

射灯

安装在天花板等处，用于照亮画作等特定物品，如果房间内主灯光线过亮，射灯存在感则较弱。射灯的特点是可以调整光线的亮度。

脚灯

主灯搭配脚灯可将脚边照亮，更安全，用于走廊台阶或是卧室中。

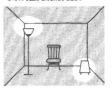

落地灯

作为阅读光线或是用于照亮房间一角。使用矮而照明范围广的落地灯，能为家中增添协调感。

2 灯泡的种类

目前市面上的主流是主打节能的LED灯泡，白炽灯与荧光灯则根据不同场合与用途来使用

由于目前人们普遍要求节能，热效率低的白炽灯生产量逐步减少，人们广泛使用的是LED灯泡，它的耗电量只有白炽灯的五分之一，而寿命却是白炽灯的20倍。近来，市场上还推出了与白炽灯发光颜色与营造氛围相同的LED灯的款式。荧光灯虽然没有LED灯节能，但它的性能好，寿命长，并且灯泡的形状种类非常多。

我们需要从灯具款式、灯泡价格以及开灯的时间等因素，来考虑具体使用何种灯泡。

普通 LED 灯泡的照明范围

光线向所有方向放射，照明范围广

与普通白炽灯相似，能够提供全方位照明。可作为起居室和餐厅内的吊灯、筒灯、脚灯等。

光线向下扩散

此种类型的灯泡能够照亮正下方。适用于走廊与楼梯、卫生间、盥洗室等空间狭小处使用的筒灯，以及专用照亮画作等艺术品与部分墙体的射灯。

灯泡的种类与其特征

	LED灯泡	白炽灯	荧光灯
商品实例	LED灯泡	白炽灯	灯泡形荧光灯
颜色	• 灯泡颜色为白色偏红 • 冷光色：色调纯白、鲜明 • 自然光色：色调微微泛青	色调偏红，柔和温暖	• 灯泡颜色为白色偏红 • 冷光色：色调纯白、鲜明 • 自然光色：色调微微泛青
质感·定向性	• 能够产生阴影，使物体更有立体感 • 光线具有定向性，能够聚集光线，照亮特定物体	• 能够产生阴影，使物体更有立体感 • 光线具有定向性，能够聚集光线，照亮特定物体	• 难产生阴影，光线平缓 • 光线定向性不强
发热量	少 （与白炽灯相比）	—	少 （与白炽灯相比）
开灯·调光	• 按下开关即刻亮起 • 能够适应频繁开关灯 • 可以调节光线强度	• 按下开关即刻亮起 • 即使频繁开关，也不会影响灯泡寿命 • 配合调光器使用，可在亮度1%~100%的范围内进行调节	• 按下开关后需要等待片刻才会亮起 • 频繁开关灯会影响灯泡寿命 • 不可调节亮度
所耗电费	少 （与白炽灯相比）	—	少 （与白炽灯相比）
寿命	长 （约为4万小时）	短（1000~3000小时）	长 （6000~2万小时）
价格	高 （与白炽灯相比）	—	高 （与白炽灯相比）
适用场合	长时间开灯的房间、高处等不便于更换灯泡的地方	需要对所照亮的物体进行美化的地方、需要白炽灯所产生的热度的地方	长时间开灯的房间

③ 扩大灯具照明范围的方法

挑选灯具时也要挑选其照明范围

即便将瓦数相同的灯泡安装在同一位置，光线的强度及方向也会因灯具的差异而有所不同，这一点差异足以影响整个房间的氛围。而配光，指的就是使用不同的灯具来调控光线延伸的方向及其照明范围。配光大致有五种方案（右图），照明效果主要取决于灯具的设计样式与灯罩的材质。

例如，光线向下照射的主灯，如果使用灯罩不透光的吊灯，全部光线都会直接向下照射且范围较广，这种情况称为"直接型配光"。这样的方案的确可以重点照亮某一区域，但由于灯泡直接将光线投注在物体上，可能会使人觉得光线太强。而"间接配光"，则是先将所有光线投射于天花板上，再通过反射光来照亮空间，这种方案的特点是光线柔和不刺眼。打造舒适生活空间的关键，就是要根据您的生活习惯，选择适当的配光方案。

在浏览灯具商品的时候，首先要在脑海中构想自己想要营造的照明氛围，如果情况允许，最好在商品展示间确认灯具的实际照明效果。

配 光

吊灯 / 壁灯

灯罩的材质与透光途径

	玻璃、树脂	钢质
吊灯		
壁灯		
光的特点	利用乳白色玻璃灯罩或树脂灯罩来透光，光线能够穿过可透光的灯罩，扩散到周围，给人以柔和感。	利用不可透光的钢材制作灯罩，就会在灯罩的周围形成阴影，光与影的界限分明。

配光方案

方案 1　直接型布光

将所有光线向下投射。灯具的光通量利用率高，适用于想要强调室内某处的场合，但容易将天花板与房间的角落衬托得过暗。适用于餐厅中的吊灯与壁灯。

方案 2　半直接型配光

大部分光线向下投射，小部分光线通过透光性的灯罩，投射向天花板。相较于上一种方法不易眩目，阴影处也较柔和。可以缓解天花板与房间角落过暗的现象。

方案 3　间接配光

先将所有光线投射于天花板上，再通过其反射光来照亮空间。光通量利用率低，但不易使人眩目，容易营造出温和氛围。还可通过调整角度作为艺术品照明灯使用。

方案 4　半间接配光

与间接布光基本相同，通过向天花板照射的光线反射，再加上小部分通过灯罩透出的光线，向下方投射。这种方案的光线不会直接入眼，给人以柔和的新鲜感，避免眩目，适用于起居室等让人放松的空间。

方案 5　漫射型配光

利用乳白色玻璃灯罩或树脂灯罩来透光，将光线均匀地投向四面八方。避免炫目感与过于明显的阴影，均匀地照亮整个房间。相比前几种布光方案，更适合于宽敞的空间内使用。

不同灯具给房间的氛围

吊灯 / 壁灯 / 射灯 / 顶灯

使用不同灯具时房间的氛围

照亮天花板与墙壁，打造宽敞的视觉效果

照亮天花板与墙壁，在视觉上会显得天花板更高，墙面更宽。适用于想要营造开放而有安全感的房间。

照亮地板与墙壁，带来柔和气息

天花板暗，而地板与墙壁亮，能够营造出一种柔和的气氛。适用于装潢古典且有厚重感的房间。

均匀照亮整个房间，给人以柔和感

地板、墙壁、天花板三处没有明显的明暗对比，以几乎均匀的光线笼罩整个房间，会给人柔和的印象。

照亮地板会营造出非日常的气氛

利用筒灯或顶灯强调地板，营造出戏剧性的非日常氛围。可用于打造令人印象深刻的玄关等途径。

照亮墙壁，房间在视觉上横向延伸

利用射灯照亮墙壁，营造出横向的宽敞感。将光线打在艺术作品上，给人以美术馆式的效果。

照亮天花板，房间在视觉上纵向延伸

照亮天花板则强调上方的空间，从视觉上显得天花板更高。在更加有开放感、更加宽敞的房间内更能凸现其效果。

小知识

使用顶灯或筒灯等"向下照明的灯具"时，应注意什么

为墙壁与天花板辅助照明

作为主灯的向下照明灯，其光线投射向下，且照明范围广。在天花板与墙壁照不到光的时候，整个房间会显得昏暗。这时应加入光线向上的灯具，简单地进行辅助照明。

只有向下的灯光，房间内显得昏暗

只使用了主灯时，天花板与墙壁并没有接受到光线，令人感觉整个房间比较昏暗。

照亮了天花板与墙壁就会显得明亮而宽敞

使用光线向上的落地灯与壁灯，照亮墙壁与天花板，房间顿时显得明亮，也更具视觉上的宽敞感。

THEME

④

不同的照射面营造出不同的印象

照亮天花板与墙壁，显得天花板更高，墙更宽

以不同的光线来照射墙壁与地面等不同平面，会改变房间的整体印象。要为想要营造出舒适或是独特等不同印象的房间，采取不同的照明方案。

想要营造出柔和氛围，就要在地板墙面与天花板整体间朦胧地布光。只照亮地板与墙面，则会营造出柔和感。在天花板低且狭小的房间内照亮天花板与墙壁，则会使整个房间看上去更加宽敞。在一个房间中安装多盏灯，配合不同场景进行调节选择，能够营造出各式各样的效果。在这种情况下，使用能够调节角度的壁灯与落地灯更加便捷省力。

家中的装修材料也能够决定人对明亮程度的感受。接近白色而有光泽感的材料更能反射光线，反之，黑色系有厚重感的材料则能够吸收光线，给人感觉偏暗。颜色浓重的墙壁与天花板适宜搭配高亮度的灯具。

第 **2** 课

精心设计室内照明，打造实用而舒适的空间

营造舒适生活的照明技巧

灯具是舒适的家居生活必不可少的家具。
这里介绍几种适合场合与用途的配光方法。

照明技巧

要点：1

在多功能的场合下搭配多种灯具

一室一厅户型的起居室与餐厅中应安置多种灯具

　　起居室与餐厅是家人聚集使用的多功能场所，是日常生活的中心。在这里可以吃饭、聊天、读书、听音乐、看电视等，起居室与餐厅的功能很多。让我们根据其功能来组合多种灯具，打造出既适用又让人舒服的空间。

　　在刚刚搬入新家或进行改造时，首先要确定好沙发以及餐桌餐椅的位置。在家具布局完毕之后，再开始研究面向整个房间的"主灯"及针对墙与天花板的"辅灯"。

　　这时，应该注意不要偏重于一处，应将多个灯具设置成水平、垂直等方向分散在房间的各个位置。推荐使用能够手动调整方向的壁灯，便于通过变换方向来照亮墙与天花板等处。还可以通过小型灯具的搭配，将间接光源与主要光源相结合。在布光上体现出不同层次，能够为房间营造出立体感。

低位置的吊灯与照亮天花板的灯具搭配

在餐桌的上方悬挂着特意垂得很低的吊灯，使光线向下汇聚；悬臂灯则作为辅助光源向上照射，突出立体的房间布局。（泷泽家・东京）

想要饭菜看上去更加美味，就要避免吊灯光线过亮或过暗

吊灯的尺寸应与餐桌搭配

吊灯的尺寸应根据餐桌的大小来选择。120~150cm长的餐桌应搭配其长度的三分之一也就是直径40~50cm的吊灯。180~200cm长的餐桌可以使用多个小型的吊灯。

挑选吊灯时，应确认坐在其下是否感觉眩目。安装在天花板上的电线偏离餐桌中心时，应搭配吊灯轨道来调节灯具的位置。

使用间接照明灯具，将家人齐聚的起居室打造成安适的空间

除了主灯以外，还在房间内设置了台灯与壁灯等多种灯具，通过不同灯具的明暗差异，将室内打造成富有立体感的空间。晚上只使用辅灯。（Kousaka家·东京）

吊灯与餐桌的关系

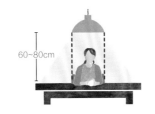

普通大小的餐桌

使用占餐桌长度三分之一的灯具，距桌面60~80cm高。

加长餐桌

配合加长餐桌使用更大的吊灯，桌面四边明亮，坐在桌前感觉舒适。

大型餐桌

可以使用2~3盏小型吊灯，距桌面50~70cm高。

异形餐桌

异形餐桌与大型餐桌都可以使用多盏小型吊灯。

运用光线柔和的间接照明灯具，打造舒适的空间

在新家中强烈推荐使用氛围感浓厚的间接照明灯具

间接照明灯具存在感较弱，能够发出柔和的光线，如果以此为主光源，则一般镶嵌在天花板等处。将电线埋入墙中，更加简洁美观，但除去搬入新家与进行重新装修时，都需要另请工人来安装。想要让安装更便捷，则推荐使用壁灯或落地灯样式的间接照明灯具。在书架的内侧与楼梯下面等死角位置安装间接照明灯具，能够营造出更有氛围的光线效果。（使用发热量低的LED灯泡）。

要点：4

照亮楼梯井上方，能够显得房间更高

要挑选好安装在高处的灯泡种类

楼梯井中适合向上打光，这样可以显得房间更高。给人以高耸的视觉效果，更有开阔感。

楼梯井处的壁灯除了安装在墙上，还可以安装在房梁等其他位置上，尽可能按照您想要照亮的位置，挑选合适的壁灯。楼梯井位于高处，不易于更换灯泡，推荐使用寿命长无需要频繁更换的LED灯泡。如选择模仿白炽灯泡的LED灯，灯光的颜色还能够营造出温馨感。

使用能够调节方向的壁灯，自由调控出自己喜欢的光线，给人以独特的印象

模仿美术馆的风格，将照片展示在墙上，风格简约素雅。在颜色素雅的房间中，由壁灯来添加光影感，更令人印象深刻。

在厨房的天花板上平行安装吊灯轨，营造出咖啡馆的风格

在模仿后厨样式的合金系厨房中，创意性地将裸灯泡悬吊在天花板上，光线不被遮挡，能照亮厨房的每个角落，营造出一种咖啡店厨房的氛围，兼具创意和实用性。（速水家·大阪）

要点：5

巧妙运用灯轨，可以轻松变换风格

使用灯轨可以自由地改变灯具的数量及位置，极大提升自由度

安装灯轨能够轻松自如地添加灯具的数量与位置。可以根据潮流变化，随意改变家中灯具的布局，例如，在希望给人深刻印象的地方安置一盏大灯与多盏小灯这样的多灯具组合。近来，在天花板上悬吊多盏传统白炽灯泡的布局方案也逐渐赢得了人们的喜爱。

如果需要挪动餐桌等家具位置，使用灯轨也可以轻松改变灯具的位置。但由于电压的限制，在使用多盏灯时需要控制灯泡的总体瓦数。

房门周边的走廊灯
要设置在门把手一侧

若走廊空间狭小，应模拟平时出入的场景，留出门与人的可移动空间

如需在走廊上开门，则应注意走廊壁灯的安置处。在门合页处安装壁灯，进出时会被门挡住光线，看不清周围。安放在门把手一侧，则能够确保光线的亮度。

设置在走廊上的壁灯，应考虑到打扫房间时偶有将门敞开的情况，以及人进出时动作的幅度与身体的位置。应模拟门的可动范围、遮光角度及人经过的位置，来制定灯具的布局计划，不仅要确保照明，还要考虑到设计的美观和实用。

走廊灯的位置

在门合页一侧安装壁灯，光线会被门挡住。

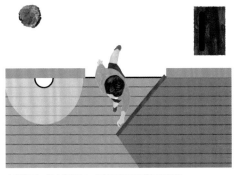

在门把手一侧安装壁灯，就能够确保光线不被遮挡。

运用可调光的顶灯，营造柔光的卧室

顶灯尽量避免正对头顶，安置在不令人感到刺眼的位置。因此，必须事先计划好床的位置。可调光的顶灯更适合卧室。

使用不刺眼的灯光，
营造安睡环境

选择柔和的光线，营造舒适安心的睡眠空间

尽量避免躺下时灯光直接入眼。如在卧室安装吸顶灯，则要选择能够投射柔和光线的半间接灯具，搭配可调节明暗的灯泡更利于使用。

吸顶灯应尽量避开头顶处。在枕边放置光线柔和的台灯，还能够在睡前身心放松地阅读。将开关设置在伸手就能够到的位置，能避免起身影响睡眠。选择喜欢的酒店配光方案，再将灯具替换成可调节亮度的样式，也是一种便捷的装潢手段。

追求实用性美感，经久不衰的畅销品

照明灯具选择

精选全世界的优秀灯具设计作品。
在日常生活中感受其美感与实用性

▽

经典作品

File 01　丹麦

保罗·汉宁森
（Poul Henningsen）

唯美点亮人物与空间，追求高质的光线

　　保罗·汉宁森生于丹麦，是20世纪具有代表性的设计师，被称为"现代照明之父"。其才华不仅展现在灯具的发明上，在建筑与设计上也大有作为。其代表作为"PH灯"（由Louis Poulsen公司制造），对光线遮挡精密计算，无论从哪个角度都无法直接看到光源，通过柔和的间接光来照亮空间。

在结构紧凑的厨房中也能将其雅致与细腻感展现无遗

将狭小的住宅进行改造后的餐厅。拥有白色面板的餐桌与北欧风格的餐椅都散发着柔和的色泽。在日式布局之中巧妙引入北欧元素。（樱庭家·东京）

PH2台灯
（PH2/1 Table）
PH灯具系列最小的台灯。从其直径20cm的玻璃灯罩之下散发出柔和的光线。

PH松果吊灯
（PH Artichoke）
由方向不同的72枚扇片与100个部分组成，设计于1958年。

PH雪球吊灯
（PH Snowball）
经重叠的灯罩扇片透出的间接光能够扩散至整个房间，堪称光的艺术品，能够保证大范围的照明。

PH5经典吊灯
（PH5 Classic）
采用精妙的方式将灯罩与内侧的反射板进行组合，减少眩光感。

汉斯·阿格涅·雅各布森
（Hans-Agne Jakobsson）

从松木制灯罩中溢出的光线，柔和地笼罩着人与空间

瑞典著名灯具设计师。他将切割纤薄的北欧松木运用在灯具的简约设计中，木制灯罩下透出独有的柔和光线乃其一大特色。不施加工的精美木纹，凸显自然材质特有的个性，独一无二。

统一木制品的颜色，给人以整洁清爽的印象

汉斯·魏格纳所设计的沙发、古董缝纫桌以及创意置物架等家具，与"Jakobsson灯F-217"完美搭配，存在感恰到好处。（小川家·神奈川）

**Jakobsson灯
F-217**

透过松木的光线温柔笼罩整个房间。另有白色、黑色、棕色的商品。

**Jakobsson灯
F-222**

完美切割而成的松木薄板制成的灯罩，经使用后变为深色，也别有一番韵味。

**Jakobsson灯
S2517**

24cm高的小型台灯。柔和的光线巧妙地营造出安眠的氛围，适合摆放在床边。

**Jakobsson灯
C2087**

由三盏小灯组合而成，其有层次的灯光是一大魅力，重量仅为约1kg，能够为天花板减轻负担。

与简约的和式空间不谋而合的精美木纹

铺有瓷砖的起居室仿照传统的泥地房间设计。桌子与窗前的木制品，巧妙地融合了来自北欧的"Jakobsson灯F-108"。北欧的极简设计灯具也与和式房间的风格不谋而合。（M家·东京）

与英国制古董餐桌协调的混合风格

在具有怀旧感的复古风房间内搭配"172B"型吊灯。特意购置不配套的椅子与波西米亚风的克里姆地毯等装饰形成混搭风格，也与吊灯完美搭配。（崎山家·大阪）

File 03   丹麦

保罗·克里斯汀森
（Poul Christiansen）

薄薄一层塑料制成的光之雕塑

产品的一大特色是由塑料弯出的线形褶皱式灯罩，由LE KLINT公司研究制成。较之以往直线型的设计，保罗·克里斯汀森的曲线设计无疑为设计界注入了一股活水。

171A

灯罩高度31cm，即使空间狭小的公寓或是日本老式民宅中也可放心购置。

172B

经严格计算得出的线条弧度凹凸有致，巧妙形成的丰富阴影是其魅力所在，是雕塑一般的手工艺术品。

卡拉瓦乔式吊灯哑光P2型白色
（CARAVAGGIO PENDANT MATT P2 WHITE）

简约而典雅的优美造型，别有韵味的哑光质感是其魅力所在。除白色以外，还有优雅的灰色。

File 04   丹麦

塞西莉·曼姿
（Cecilie Manz）

不拘于样式与时代的简约设计

在丹麦大放异彩的女性设计师。擅于小巧而精妙的设计，与日本家具制造商也有合作。于2007年获得了芬·尤尔（Finn Juhl）奖，目前备受瞩目。

File 05   丹麦

汉斯·瓦格纳
（Hans J. Wegner）

运用使人心情舒畅的优美线条。致力于设计的实用性

因其设计的北欧现代风代表作"Y形椅"而知名的设计师。此款吊灯可以通过金属吊线来调节垂吊高度，从而可根据使用时的要求来自由调节照明范围与桌面上的亮度，设计者还充分考虑到了使用时的便捷度。

吊灯
（The Pendant）

潜心研究人与工具之间的关系，随处可见设计者的用心之处。灯具的高度与配光范围可灵活调节。

File 06　丹麦

阿纳·雅各布森
（Arne Jacobsen）

可调节式灯罩，近半个世纪以来受人喜爱的设计品系列

　　丹麦的代表性人物，世界著名建筑师。其知名的"AJ系列"（Louis Poulsen公司生产）与"蛋椅"都是为哥本哈根皇家酒店设计的产品。

AJ壁灯
（AJ Wall）

其体积之小令人难以想象，设计于1960年。灯罩上下形成60度夹角，还可进行左右各60角的旋转。

AJ台灯
（AJ Table）

灯罩可进行75度角变换，能够依照需照亮的位置来调节。除了图中的白色、还有黑色与红色等可供选择。

放置在沙发一侧，营造出宽敞的视觉效果

"AJ落地灯"小巧的灯罩与纤细的灯架相结合，设计即使在半个世纪之后也依旧新潮别致。灯罩可进行上下90度角的活动，可以从沙发一侧照到手边，实用性强。（F家·东京）

File 07　法国

什居·穆耶
（Serge Mouille）

样式新颖，兼容性强，可根据需要变换各种造型

　　什居·穆耶在成为设计师之前，学习过银匠工艺。这个系列的灯具，以蜥蜴的头为灵感设计了灯罩，其悬臂与灯罩都可以各个角度进行调节，功能性强。

2臂双灯头可旋转壁灯
（Applique Murale 2 Bras Pivotants）

在其1954年刚刚发售时，可自由调节的悬臂与灯罩还是一项创新型的设计。

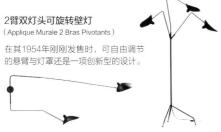

3灯头落地灯
（Lampadaire 3 Lumieres）

灯罩可以旋转，向上照亮天花板，向下可以照亮手边。

适合宽敞空间的可动式落地灯

宽敞起居室内松散地摆放着家具，这盏艺术气息浓厚的落地灯则十分和谐地摆放其中。可依据家具的不同摆放位置与不同时间段，调整照明的角度，在布局简单的房间内也可以营造出不同的氛围。（大塚家·千叶）

法国灯具品牌，设计简单兼具实用性。

自1950年问世以来，便因其实用性与独特的设计而长居畅销商品之列。电线不装在台灯臂的连接处，即使旋转灯臂也不用担心电线损坏，结实耐用。

信号台灯
（SIGNAL DESK LAMP）灰色

即便现在，里昂的工匠们也手工制作每一盏灯。灯罩部分可以360度旋转。

桌夹台灯
（DESK LAMP-CLAMP）白色

这种台灯使用螺丝固定在书桌上。除了放在书桌上以外，还可以垂直安装在置物架上。

利用落地灯打造出更为舒适的环境

在单人沙发旁放置落地灯，营造出更加私人的氛围。将落地灯与其他间接照明灯具相组合，宽敞的起居室也可以实现良好的效果。晚上只点亮一盏落地灯，就可以进行一些轻松愉快的小游戏。（山田家·福冈）

托勒密S7127S
（TOLOMEO S7127S）

利用钢索来保持台灯臂的角度。

随时间变化而改进的复古式台灯

设计师在1932年完成的设计。以其在汽车公司工作过的经验，将弹簧运用在了台灯的制作当中。制作出的台灯在调整角度与稳定性上都十分优秀。产品也得到了广泛的认可。在英国一提到台灯，人们首先想到的就是"Anglepoise"。

意大利办公室中的标配台灯

1959年创立的意大利知名灯具。由备受欢迎的设计师米凯莱·德·路奇（Michele de Lucchi）设计制作的"托勒密"（TOLOMEO）系列灯具，其设计新潮、体积轻盈、加上灯臂的可动设计，在全世界畅销。

经典款 1227小型台灯灰色

为使其在普通家庭中也能使用，将其改造成原版经典款的三分之二大小。灯罩为镀铝工艺。

工业风吊灯

复古而粗糙，充满怀旧感

    充满老旧工厂气息的设计。工厂风格，也被称作工业风格，具有办公室的简洁与耐用感，制作简单充满韵味与男性化的设计风格。越来越多的人将其运用到自己家的装潢中。

大型工业风灯具成为餐厅中的主角

将这盏原本用于工厂中的大型吊灯安置在餐桌上方，购于古董店。（名取家·神奈川）

工作室灯
（THE WORKSHOP
LAMP）黑色（M）

复刻1951年丹麦的原版设计。将浓浓的工厂风格融入自己家中。

JIELDE顶灯
（JIELDE CELING LAMP）
AUGUSTIN（S）黑色

JIELDE公司产品。照片中为灯罩直径16cm的S号。

珐琅灯
（PORCELAIN
ENAMELED IRON
LAMP）白色

简洁的圆锥形灯罩，配套的黄铜金属制品也大有讲究，也可用于间接照明。

珐琅灯
（PORCELAIN
ENAMELED IRON
LAMP）黑色

在1930年法国国产灯具的基础上进行重新改造。灯罩直径24cm，外形小巧精致。

在以棕色为主的家中作为点缀

桌子与书架都因为长年使用显现出独特的色泽，在充满温暖气息的家中点缀一盏黑色吊灯。（Kousaka家·东京）

LAMP SHADE 蓝色

另有茶色与黑色，可更换灯罩。

GLF-3344 Perugia

坐落于东京市墨田区的灯具制造商，复古卡其色的灯罩独具一格。

东洋风灯具

将经过岁月积累技艺与手法融入家装领域

　　将日本独有的材料与继承了日本传统技艺的工匠技术，融入现在的家装设计中来，如此制作出的灯具目前大受人们欢迎。大家也很喜爱由工艺名家纯手工制作的灯具，无论哪一种，都足以称得上是摆在家中的艺术品。

与北欧风格房间相搭配的日本木制灯具

室内明亮的楼梯井与白色墙壁融于一体，整个客厅既充满自然风格又清爽而宽敞，再配以"BUNAKO BL-P321"型山毛榉材质的吊灯。（平泽家·东京）

BUNAKO

与简洁的日式房间搭配自不必说，在北欧与自然风格等空间宽敞的房间中也能运用自如。灯光下的山毛榉木灯罩映出重重阴影，也是美不胜收。

BUNACO

由经验丰富的工匠将日本本土的山毛榉木材打磨成1mm薄的片状，再弯曲成型，工艺独一无二，成品透出原木独特的色泽与触感。

chikuni
方形底座灯（壁挂式）

将复古的外形与成熟的工艺融为一体。可安装在墙上，也可放置在桌上。材料为橡木制。

FUTAGAMI
黄铜灯具"启明星"小号

由明治30年的金属器具制造商制作，可体味其铸件手感。长期使用会产生酸化反应，形成独特的韵味。

SKLO
球形灯（Light bulb）K-95

金泽市古董店为"搭配古董家具"而制成的灯具，散发温柔光芒的白炽灯。用工艺减少其消耗，使用寿命也大大增强。

渡边造幸
山樱型灯罩240mm

一点点削铸制成的灯罩上留存着器物削过的痕迹，使得这一日用品如同艺术品一般美丽。

CHAPTER

7

窗帘拉开了!

明月装饰了你的窗子

——临窗布局的基本要点

临窗布局点与居住者的感受同等重要，打造舒适的房间要从舒适的光和风开始。
窗户在建筑物中占面积较多，是十分重要的部分。

临窗布局的基础

窗帘及遮阳板的不同选择，能够决定一个房间的风格。在此将为您详细介绍不同种类窗饰的特点。

窗饰基础

主题 1 窗饰的种类

窗帘不仅会改变家中装潢的风格，还会影响居住舒适度。窗上用品根据其开闭的方式，主要分为右边表格中的三类。在挑选窗上用品时，要根据窗的用途具体分析。

在进出次数较多的扫除窗与室内主要的照明窗上，应选择向左右展开的窗帘或纵向百叶窗，这样更方便进出。上下展开的百叶窗与屏风可以根据需要调整展开的大小，配合日照进行遮阳或是阻挡视线。细长类型的窗户应选择单扇的窗帘，窗帘应该根据窗户尺寸与横竖比例进行搭配，以此打造协调的窗边空间。

以开关方向划分的窗饰及不各自特点

左右展开	上下展开		固定式
	折叠型	翻卷型	
窗帘	横向百叶窗	卷帘	装饰半帘
纵向百叶窗	罗马窗帘	竹帘	欧式窗帘
屏风	百折帘		挂毯式窗帘
特点： ● 适合较宽房间里双槽的推拉窗，不适合小型窗户与细长型窗户。 ● 便于进出，适用于扫除窗与主要照明窗。 ● 也可以用作隔扇。	**特点：** ● 可以全部收于顶端，整扇窗显得整洁明亮。 ● 适用于小型窗户与细长窗户。 ● 不适于需要频繁进出的扫除窗。 ● 卷帘也可以用作隔扇或是遮挡收纳柜。		**特点：** ● 可以阻挡外界的视线，达到遮蔽的作用。 ● 可以作为室内装潢的装饰要素。 ● 挂毯式窗帘也可用作隔扇。

主题 2
窗帘质地的种类

根据布料的薄厚及织法，窗帘分为厚垂帘、薄而透光的蕾丝与纱料窗帘、比蕾丝厚一些的、用更粗的线纺成的半透窗帘等。目前市面上的窗帘多为化纤质地，其特点是不易留下皱痕，洗后不易变形。棉麻质地则更贴近自然风格。

窗帘主要质地种类

印花布

在较为平整的布料上印花而成的布料。有艺术气息的抽象派花纹，还有其他丰富的花纹可选择。除垂帘之外，纱帘也可以印花。

透明薄纱

薄而透光的材质，给人清爽的印象。代表种类有机器编织出的蕾丝与使用细丝线平织出来的纱帘。在纱料上绣花纹的工艺叫做刺绣。

垂帘

也称作帷帐，粗线织成的质地偏厚重的窗帘。保温与隔音、遮光效果优越，有花纹与无花纹等各式各样的款式可挑选。最普通的窗帘类型是垂帘与蕾丝纱帘的双重组合。

符合自然风格的柔和窗饰

通过窗帘吊杆悬挂的简约风格窗帘。棉麻的自然材质符合房间的风格，整体印象朴素简洁。接近地板的一侧窗帘颜色深，给人稳重感。

附带其他功能的窗帘种类与特征

除臭·抗菌	具有消除厨房垃圾、宠物、烟等异味的效果。可抑制窗帘表面滋生的细菌
易清洗	在家也可清洗的布料。清洗之后也不会变形、不易掉色。适用于多人聚集的起居室与餐厅及儿童房等。
遮光	具有阻挡外界光线的效果，有在纬线中掺杂黑色丝线的窗帘，也有在布料上加以树脂涂层的窗帘。
耐光照	即使长时间在强光照射下也不会变色。蕾丝窗帘与半透明窗帘的耐光性较强。
透光不透人的单面镜效果	即使在白天，从室外也看不到屋内，但从室内却可以看到室外的景象。在夏天有保温效果，提高空调工作效率，还可以防止家具因日晒而褪色。
防紫外线	使紫外线通过率降低的蕾丝窗帘。可以防止家具与地板过热，白天还可以起到阻隔外界视线的效果。
耐火	加入了不易燃烧的材料。耐火并不是不燃烧，而是在起火时可以有效地阻燃。

主题 3
附带其他功能的窗帘材质

具备不同功能的窗帘材质有许多，需要根据房间的用途、窗户的方位、周围的环境等来挑选不同的窗帘材质。想要保持屋内的整洁干净，可以选用在家就可以清洗的材质。如果住在公寓或是没有防雨门板的房子里，可以选用遮光的材质来保护自己的私人空间。白天还可以阻挡外界的视线，具有透光不透人的效果。

第 2 课

设计与室内装潢搭配的功能窗户

窗饰的挑选

窗饰各有各的特色。需要考虑选择的商品是否符合家中的风格,是否易于使用等。

▼

如何挑选

窗帘

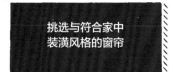

挑选与符合家中
装潢风格的窗帘

在挑选窗帘挂钩时,除了整体风格要与家中协调统一,还要与窗帘布料的花纹与质感相搭配。"百褶窗帘"则无论材质是薄或厚,无论何种花纹样式,都能与各种不同的风格相适应。一般窗帘挂钩都是两褶别在一个钩上,如果变成三褶一钩,窗帘的褶皱就会更加饱满笔挺。为使百褶窗帘的褶皱更加美观,应该选择材质柔软的布料。"百褶穿法"适合于布料较薄的类型,能够打造出优雅美观的窗边景象。"穿挂法"与"穿孔法"等没有褶皱的穿挂方法,更适合休闲风格的房间。这种穿挂窗帘的方法因其没有层层堆叠的立体感,比较适合空间狭小的房间,能够完整地展示窗帘的花纹。使用这种窗帘可以选择适当繁复的花纹。

单色的窗帘与铁制滑轨相结合,打造高雅的窗边风景

蕾丝窗帘采取最简单的穿挂法,单扇的印花垂帘搭配细长型窗户。(maya家·纽约)

不同的挂钩穿法实例

2褶穿法(中褶穿法)

3褶穿法(小褶穿法)

百褶穿法

平穿法

穿挂法

穿孔法

将棉麻质地的床单用于窗帘

挂在窗前的是"MUJI（无印良品）"的床单，日光通过颜色简洁的布料形成更加柔和的光线。（吉田家·京都）

清爽整洁的麻制屏风式窗帘

利用可透光的麻制窗帘来打造北欧风格的房间，淡绿色的窗帘与窗外的景象两相融合。（牧野家·北海道）

要点：2

窗帘与滑轨的宽幅，
应比窗框宽

　　窗帘滑轨的长度与窗帘的宽幅应事先打出余量。滑轨的长度应考虑到为窗帘收起时留出空间，比窗框左右各长出10~15cm。这样一来，在窗帘收起的时候也不会遮挡窗户，可将整扇窗户都露出来。如安装两扇窗帘，窗帘的宽幅应多出滑轨长度的3%~5%，这样就能够避免两扇窗帘在拉上的时候无法合拢的情况。在中间两个滑轮上加装磁铁，就能够将窗帘拉得严丝合缝。

　　如果在窗帘与墙之间不留空隙，窗帘将更具隔热性。如安装两扇垂帘还想要在窗帘与墙之间不留空隙的话，窗帘的宽幅应左右两扇各加上10cm，在墙上安装挂钩就能够达到您的目的。

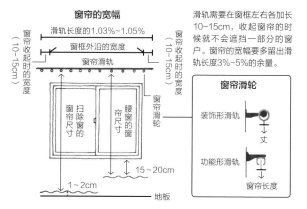

窗帘尺寸的测量方法

窗帘的宽幅

滑轨长度的1.03%~1.05%

窗框外沿的宽度

窗帘滑轨

窗帘收起时的宽度（10~15cm）

窗帘收起时的宽度（10~15cm）

扫除窗帘尺寸

腰窗的窗帘尺寸

窗帘滑轮

15~20cm

1~2cm

地板

滑轨需要在窗框左右各加长10~15cm，收起窗帘的时候就不会遮挡一部分的窗户。窗帘的宽幅要多留出滑轨长度3%~5%的余量。

窗帘滑轮

装饰形滑轨

↓丈

功能形滑轨

↓窗帘长度

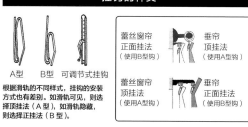

挂钩的种类

A型　　B型　可调节式挂钩

根据滑轨的不同样式，挂钩的安装方式也有差别。如滑轨可见，则选择顶挂法（A型），如滑轨隐藏，则选择正挂法（B型）。

蕾丝窗帘
正面挂法
（使用B型钩）

垂帘
顶挂法
（使用A型钩）

蕾丝窗帘
顶挂法
（使用A型钩）

垂帘
正面挂法
（使用B型钩）

横向百叶窗

搭配男性化风格

在男性风格的房间内，适合安装暗色的百叶窗。（胁家·东京）

要点

可以通过调整百叶窗的叶片，来调控光线与外界的视野

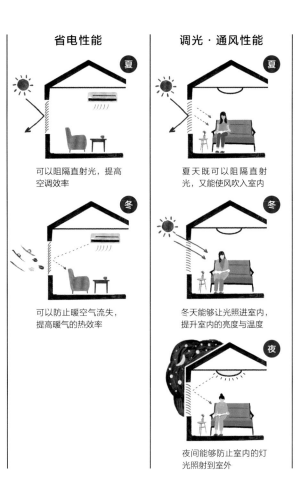

省电性能

夏

可以阻隔直射光，提高空调效率

冬

可以防止暖空气流失，提高暖气的热效率

调光·通风性能

夏

夏天既可以阻隔直射光，又能使风吹入室内

冬

冬天能够让光照进室内，提升室内的亮度与温度

夜

夜间能够防止室内的灯光照射到室外

横向百叶窗大多安装有水平角度的叶片，可自由调节其倾斜角度。因此可以通过调节其角度来阻挡直射光线，同时又能够透光，阻挡外界视野的同时能够通风。夏天时能够阻隔炎热的直射光，冬天能够防止温度散失，因此能够提升空调与暖气的工作效率，而且节能省电。

横向百叶窗一般为铝制，但根据不同用途也有其他种类。例如搭配自然室内风格的木制百叶窗。比起铝制百叶窗，木制的虽然价格相对较高，然而有其独特韵味。另外，根据叶片倾斜的角度也分为不同的种类，窄窗适合叶片倾斜幅度小的百叶窗，反之亦然。

具有防水性能的浴室用百叶窗中，有在无法钉螺丝的瓷砖上也能够固定的样式。

将整扇窗的景色尽收眼底

通过调节叶片的角度，能够轻松选择阻隔或打开自己的视野。（厄目家·茨城）

完美适配混搭风格

现代风格的家具与藤制摆件相结合的室内装潢风格。窗帘与墙壁采取了同样的配色，互相搭配。（高仓家·东京）

模仿间接照明的光线，衬托房间内的玻璃器皿

室内收藏的玻璃制艺术品，在透过百叶窗的柔光中，更显魅力。（N家·神奈川）

$\boxed{\text{单品 03}}$

纵向百叶窗

要点

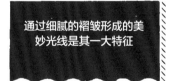

通过纵向的叶片透过的光，照射出优美的线条

　　纵向百叶窗也称为垂直帘，大多以滑轨连接细长的叶片。通过调整叶片能够自由调节光线与外界的视野。

　　纵向百叶窗以前多在办公室与商业设施中使用，自从推出布制的百折帘，纵向百叶窗也逐渐进入了千家万户。其垂直的叶片能够打造出现代简约的风格。比起横宽，更适合纵长的窗型，总体来说适合整体尺寸较大的窗户。

$\boxed{\text{单品 04}}$

百褶窗

要点

通过细腻的褶皱形成的美妙光线是其一大特征

　　百褶窗，就是将屏风加工出百褶的形状，通过线轴来进行升降的遮光用品。其能够透出柔和的光线，无论大窗小窗都适用，与和风房间还是现代风格的房间都完美适配。

　　质地主要为薄而适当透光的材料，也有遮光的样式。其他还有可洗式的以及将两种样式的百褶窗组合到一起的样式。而通过移动百褶窗底部就能够进行升降的无线绳百褶窗，则适合有婴幼儿的家庭使用。

卷帘

要点

可以将卷帘全部卷起，体积袖珍轻巧，窗帘升降的操作十分简单。

卷帘只需简单操作，便可调节窗帘升降的高度，可随心将卷帘调整至自己喜欢的高度。全部卷起时，卷帘呈极简练的轴状，丝毫不遮挡窗户景象，便于采光与欣赏风景。

卷帘的操作方法分为单手可操控的弹簧式、拉绳式、以及在天窗与顶高的窗户适用的电动式。卷帘虽风格简约朴素，但在材质上却是有着多种多样的选择。可以将薄厚两层布料安装在同一卷帘上，形成双层帘。

遮光帘使风格粗犷的家具也能给人留下温和印象
工业风格的吊灯与铁丝制成的橱柜给人留下强烈印象。加入条纹样式的遮光帘，使得窗边事物的风格产生些许改变。（井上家·大阪）

罗马帘

要点

融合多种设计。上下升降的样式也更能实用

罗马帘是由布料缝制在一起的窗帘。拉拽抽绳能自窗帘下摆折叠收起。只需稍稍放下窗帘，就能够阻挡阳光与上方的外界视野，这种上下升降的特点，与卷帘相同。然而罗马帘还有独特的布料褶皱之美。

窗帘降至最下方时，就像一张布挂在窗户上，这样简单朴素的风格能够搭配各种不同的室内装潢风格。女性化的布局风格，比较适合气球窗帘与奥地利窗帘等简洁美观的样式。

使用纵向条纹的窗帘，凸现室内宽敞视觉感的
房间内以古董家具与灯具为中心，样式传统的卷帘式窗帘营造出沉稳的氛围。（荻原家·茨城）

用窗边的风景点缀室内

在窗上装点小彩旗，为房间内增添轻快舒适感

将可爱的小旗帜系在细绳上作为装点。也适合在家庭纪念日与活动中使用，烘托节日与季节氛围。

在沐浴阳光的房间内设计出引人眼球的窗边装点

不设窗帘，使整个房间都沐浴在阳光下。小彩旗的装饰物营造出轻快氛围。（增田家·神奈川）

用流苏营造温暖氛围

橙色的墙上装饰着色彩鲜艳的手工挂饰。（Sara与Eric的家·纽约）

在窗边搭建置物架，摆放自己喜爱的物件

将自己喜爱的装饰品与充满回忆的物件都摆放在家中。在窗前搭建这样的置物架，打造出一个完美的展示位！

一个置物架横跨两扇窗

从外面看来就像是一件小小的杂货屋。像这样将厨房装点成为堆满小物品的房间也别有一番趣味。

在室内加装窗门，让两扇窗更加具有特色

加装窗门，打造优美的欧洲风格的家。原本用来代替防雨窗的窗门，现在也变成了室内装点的一部分。

使用木制的窗门，营造山间小屋的氛围

在天花板上安置倾斜梁柱作为装饰房梁。再搭配木制的窗门，营造出令人向往的欧洲山居氛围。（高桥家·神奈川）

第 3 课

满足不同需求的临窗布局

▽
方案

采光与通风良好，适合远望，一扇窗将我们守护在一方舒适的室内。外观的设计与室内装潢都会影响我们居住时的舒适程度，因此更要综合多方面因素，打造最完美的布局计划。

要点：1

挑选适合室内风格的窗户材质、颜色与款式

木质窗框与墙壁的配色相协调，营造出美观的海边观景效果。

设计上采用上开窗与下开窗各一扇的安排。墙裙后的墙壁与窗框统一漆成白色，形成了这样美观雅致的窗边景象。

订制的金属窗框

在明亮色系的房间内，黑色格子窗来点缀。（藤川家·京都）

想要达到完美的室内装潢，必须要仔细挑选窗框的材质、颜色与设计款式。与早些年不同，铝制与树脂的窗框如今也有各种颜色可选。外侧与室内一侧也有许多种颜色，也可以让窗框外侧与建筑物外观颜色保持一致，室内则选用白色与木制颜色等搭配室内风格的颜色。一部分人讲究室内设计，倾向使用进口木制窗框，不仅设计时尚精美，还具有隔热效果。

开关窗的方式，在以前的双槽推拉式上增添了滑动推拉式与固定窗等多种样式。想要打造出具有个性的家装风格，也可以添置多扇窄而长的推窗，为墙上增添装饰感。将窗户设计成人无法进出的尺寸，也利于防盗。

室内与室外融为一体。全开式窗使房间更加开阔，身心放松

将窗全部打开，可以使室内与出入口形成一个整体

室内与门厅之间没有门槛的阻隔，具有特色的房梁给人留下深刻印象，营造出现代风格。窗户全部采用嵌入式设计的全开式落地窗。整个房间开放性十足。（小松家·千叶）

　　地板的面积有限，因此想要营造出舒适开阔的空间感，需要设计出能够将室内与室外视野相连的窗户布局方案。如果起居室前就是前厅或庭院，那么尽可能将出口设计得宽大，就能在视觉上连接室内与室外的空间，营造出宽阔开放的感觉。

　　推荐选用全开式落地窗、折叠窗与推拉窗。嵌入墙壁的窗户在全开的状态下不易看出窗框，可以令人享受扑面而来的开阔感。如果家中打算建造前厅，推荐将前厅的地板设计成与室内没有高低落差的样式。

将高窗与地窗相结合，在人流密集的居住地也能够保障自己的私人空间

从上方照入的光将室内风格营造得更有魅力

在接近天花板的位置设置两个相对的高处光源。在不同的时间段，会有不同角度的光线照射在墙上。（小田家·千叶）

　　沿街的房屋或是与邻家间距很近的房屋，需要仔细研究，如何设置窗户才能保障自己的私人空间。适当在天花板附近设置高窗（高处光源）与接近地面处设置地窗（地面光源），能够阻挡外界的视野。设计成可开关的窗户，还能够保证通风。

　　如果想要在墙上摆放家具或是挂画等物，这面墙上则不适合安装正常高度的窗户。地窗不仅能够适应以上条件，与坐下时视角偏低的和式房间也能够完美搭配。在正对面就是邻居家的情况下，只要相互错开窗户的位置，互相视线就不会干扰对方的日常生活。

阳光倾洒在地板上，营造唯美的现代和式房间

有了这扇地窗，可以在墙上随性摆放物品。（M家·滋贺）

第4课

享受家庭温馨的同时还能扩展视野！

"室内窗"
布局的基础知识

营造良好的光照与通风，将房间内外相连。
将能够发挥多种效用的窗户引入家中，会显得室内更加宽敞，也更方便家人之间的交流。

▼

室内窗

· 儿童房 ·　　　· 玄关 ·

营造开阔视野的同时，还能成为室内设计的焦点

在粉色墙壁的儿童房内，将窗框也漆成和家具颜色搭配的白色。走廊的室内窗则选择窗框棕色，可在窗台上添置一些小装饰物。（K家·神奈川）

· 起居室 – 餐厅 – 厨房 ·

黑色的窗框点缀室内装潢

在起居室与隔壁房间中间的墙上安装一扇大型室内窗。视野能够到达房间尽头的窗户，一眼望到庭院内的绿色。（岸本家·大阪）

要点：1

墙上的"透视感"营造开阔的空间感

在结构紧凑且封闭的空间里生活，难免会产生压迫感。这也许是由于室内配色的问题，但主要原因之一还是缺乏开阔的视野。想要在小家中也感到宽敞，不如尝试在隔断墙上设置一扇"室内窗"。

在原本是墙的位置设置窗户，能够使两个空间有相连的感觉，视野也变得开阔。更有利于采光通透，营造出更加宽敞的视觉效果。窗户位置的重要性自不必说，窗框的设计样式与颜色也是需要仔细挑选的地方，选择好了，还能够为室内装潢增添色彩。

做饭的同时还能看到孩子们

与起居室、餐厅及厨房相毗邻的工作室。透过铁制的窗框就能看到孩子们玩耍的样子，让大人能够安心地准备饭菜。（青木家·神奈川）

·起居室－餐厅－厨房·

将大面积室内窗的一部分设计成开启式

从工作间可以透过黑色格子窗望见孩子的房间。室内窗还可以给孩子的房间带来良好的采光，使房间更加明亮。（西迫家·神奈川）

·一层 起居室·　　　　**·二层 儿童房·**

能够畅通无阻地与孩子交流

将面朝楼梯井的房间设置成儿童房。即使大人在起居室也能够时刻感受到孩子的活动，吃饭之前只要叫一声就能让孩子听见，布局设计十分方便。（N家·岐阜）

室内窗将家人的气息传递开来，家中充满了浑然一体的安全感。

与普通的墙不同，室内窗能够形成房间的联通感。在有小孩的家庭中，不妨也在儿童房与起居室-餐厅-厨房的隔墙上安置一扇室内窗。即使家人各自在不同的房间，也能通过室内窗感受到彼此的存在。无须交谈也能知道彼此在做什么，孩子与家长都能够安心生活。

室内窗不仅有益于白天的采光，在夜晚，窗间映出灯光也让人感受到家的温馨。

近年来，许多家庭选择在起居室中设置楼梯井，推荐将正对着楼梯井的房间作为儿童房或是书房，再在房间内加装室内窗。以此方便不同楼层之间的沟通，也能够使家人互相感觉到彼此。

· 起居室 ·　　　　　· 玄关 ·

可以通过窗户看到访客，室内窗样式开阔而舒适

在玄关与客厅之间安装法国制的室内窗。不仅利于采光，还能够成为房间的重点装饰物。窗框两面不同颜色的涂漆分别搭配玄关与起居室。（井上家·埼玉）

为光线不好的房间带来良好的采光与通风

在玄关与走廊等不便于加装窗户的地方也可以安装室内窗，通过室内窗来保证房间内的采光与通风。想要达到更好的通风效果，通常安装两扇窗能够达到理想的状态，但一般的公寓中的布局都是只有一扇窗。这时若再打造一扇室内窗就可以更好地通风，也可使采光效果更好，房间内显得更加宽敞。

光线较暗的走廊，也可在房间一侧的墙壁上设置高位的室内窗。而地窗则能够将房间内的光线投进走廊，照亮脚边，也更安全。

制定安装计划之前，首先要确定自己的目的，例如希望房间明亮、通风良好等，并据此来挑选窗户的开关样式以及安装位置。

如果希望房间明亮，可以选用固定窗或是空心玻璃砖。如果希望房间通风好而安装了可开关的室内窗，则要注意开窗时是否妨碍家人通行，根据房间的不同布局情况来挑选窗户的开关样式以及安装位置。在空间狭小的房间内，建议选用双轨推拉窗。

· 起居室 ·

阳光通过白色的室内窗照进餐厅与厨房

室内窗的另一侧就是餐厅与厨房。阳光照进由室内窗相连通的房间，营造出明亮舒适的氛围。为了使餐厅的视野更加丰富，起居室的墙上也做了一些装饰。（增田家·神奈川）

· 玄关 ·　　　　　· 客厅 ·

玄关通透、通风良好，室内窗成了室内风格的重点

看到房屋设计公司的内部使用的室内窗后，决定将其运用到自己的家中来。黑色铁制窗框独有的朴素气息，为营造个性家装起到了重要的作用。（M家·滋贺）

CHAPTER

8

我的艺术

爱生活，就会爱上家

——布置家，享受我的"爱好"

如何摆放自己喜爱的装饰物
如何掌握颜色与形状、素材与质感之间的平衡？
三个有效利用空间、精心装饰的"家"案例。

我家的
艺术与绿植

城野的家

理念：艺术与绿植　地区：日本东京　房屋面积：90.8m²
户型：两室一厅　家庭成员：3

高耸的天花板、从白色窗框中倾泻而入的阳光、舒适的沙发、摆放着各种相框与装饰物的充满个性的墙壁，这是位于东京市区内，一所国外的房屋一般格调轻松的家。

城野夫妇称，他们二人在打造房屋之初，就相互结合了彼此喜爱的家装元素。

"我们两个人原本就十分喜欢室内装潢，共同的爱好是看电影。尤其喜欢韦斯·安德森导演的作品。即使房间内凌乱不堪，看上去也感觉个性十足，我想营造电影里的房间那样的风格。"

即使房间内很乱，也觉得乱得很有个性，我很喜欢那种仿佛国外电影中出现的房间样式

由此，夫妇二人便设计了二楼起居室中的沙发背景墙。他们花了一年多的时间，从网上与家装市场收集了各式各样的装饰物。

"我十分喜爱国外装潢风格中的一些小细节。例如法国电影中竖长的窗户与护墙板等，风格简洁同时富有韵味的成熟装潢风格。"

与奈美不同，丈夫刚史则喜欢复古式与铁制的材质，以及工业式粗犷的室内装潢风格。

在明亮的窗边装饰绿植

刚史从"TRUCK"买的英国古董秤。在简洁美观的房间中，样式古典而粗犷的单品起到了点睛作用。

条纹样式的毯子是整个房间的装饰重点

沙发旁边的凳子是从某个旧货拍卖会上低价收购的。正好当作小桌子来摆放一些书本杂志之类。坐在沙发上觉得冷的时候，还可以披上旁边的毯子。

起居室与餐厅

二楼的起居室高2.75m。以隔壁家的小花园作为窗外背景，令人心情愉悦。在宽敞房间中点缀般地摆放着英国沙发专卖店"natural sofa"的"Alwinton"沙发。坐在上面看完一整本漫画也不会感到累，十分喜欢坐下时舒适的感觉。白色的窗帘与吊灯在"宜家"购入。

起居室与餐厅

在设计阶段，我们考虑的是塑造一个"以简洁风格为基础，用室内装饰点缀的家"。将有窗的房间内的墙壁设计得宽阔，上面装饰着收集到的复古相框与字母形状的装饰物，以及镜子、狩猎奖状等。"墙上的装饰物与地上摆放的地毯相对齐，做到了视觉上的平衡。诀窍就是：从房间中央开始规划布局。"

就连楼梯拐角处也装饰着两人各自喜爱的物品

楼梯角摆放着影碟盒，里面装有罗曼·波兰斯基执导的电影录影带。"感觉楼梯拐角处光秃秃地有些寂寞，放上这个影碟盒就正好了"。在另一角摆放简单的观赏植物。

放上一把造型优美的椅子，整个空间就像一幅画一样

在楼梯下的小块空间中摆放着自己喜爱的"ERCOL"儿童椅。造型优美的椅子使得墙面如同留白的画布一般，给人以简洁清爽的印象。

将"个性与女士风格"完美协调的装饰物

表面掉漆的复古铁制橱柜是刚史从网上购买的。橱柜上摆放着"企鹅图书"的海报。配色美观的盒子与书本、蜡烛与鲜花都为房间内增添了柔和的印象。

黑色铁制楼梯与玻璃砖是房间的一大亮点

黑色的铁制楼梯与用作隔断的30cm高玻璃砖墙都给人以男性化的印象。在橡木地板与白色墙壁形成的柔和风格中使用这样对比强烈的设计风格与材质，成为房间内的一大亮点。

餐厅与厨房

置物架与上面的透明容器打造出恰到好处的烟火气

安置在厨房墙上的置物架。上面摆放着酒杯与玻璃杯、马克杯、碟子等常用的餐具，以及调料罐、酒瓶、红茶罐与果酱罐。流露出恰到好处的烟火气，给人以温暖的印象。

装饰物选用当季的植物与水果

灵活运用厨房与餐厅之间的柜台，摆放一些鲜花及香蕉和苹果之类的水果，还有蜂蜜柠檬与干果等等，营造出鲜活感。

上好的木制餐桌上摆放着当季水果

厨房采用看不到手边动作又能与餐厅进行交流的对面型设计。餐桌直接用了原来的"木藏"品牌餐桌，椅子则选择了复古风格的"ERCOL"品牌。

卧室

灰调的绿色营造出清爽而稳重的氛围

三楼的卧室中利用涂漆的墙壁营造出清爽的氛围。奈美说："墙上选用的涂漆是北欧风格的灰绿色"，细致地追求色调风格的细微不同之处。

玄关

材质的外观与印象都融合了粗犷与柔和两种风格

玄关处摆放的长凳由网上拍得，上面摆着屋主人喜欢的摄影师米田知子的作品。玄关处也将木制、铁制、涂漆与灰浆等素材混搭在一起。

"我们家里的装饰都是综合了两人喜欢的因素，例如竖长的白色窗户搭配黑色铁制楼梯等"。

我们两个人都会综合彼此的意见，例如"这样搭配感觉太粗犷了"，"这样就太甜美了"，到现在为止我们都是这样设计家里的。

"我觉得，在设计上不偏向任何一方的喜好，始终都中和双方的意见，就能够设计出双方都感觉舒适的房间了。"

完美地融合了两个人的喜好，令人感到适当放松的室内风格。城野家无时无刻不向我们传达着两人生活中的美好。今年，家里又添了新成员。夫妇二人每天都在期待着未来家中还会融入怎样的元素。

餐厅

黑色"flame"品牌吊灯点缀整个空间

餐厅处于楼梯井的位置，从三楼卧室墙上的室内窗能够看到餐厅。黑色的吊灯是神户"flame"公司的产品。墙边的金框立镜前摆放着相同款式的金色复古相框。

起居室与餐厅

夫妇两人都喜欢复古风格。在起居室摆放着在东京碑文谷的"JIPENQUO"购买的桌子，与"THE GLOBE"品牌的皮革沙发，古董椅等家具。"TRUCK"品牌的橱柜与古董抽屉。墙上挂的是钢琴内部的部件，从东京代官山的"HIGH-LIGHT"店中购入。

风格温和细腻的手绘插画很受人们的喜爱。卡片、包装纸、织物上的图案都是大森自己画上去的。图为大森和她的爱犬Pon太郎。

桌上摆放着出门要用到的东西，墙上挂着照片与各种绘画作品

小桌作为出门前整理自己的地方，上面摆放着手表、眼镜、装饰戒指等小物件。墙上相框中的照片是在"HIGHT-LIGHT"店中买椅子的时候顺手买的老照片。其余三幅画都是大森的作品。

别有韵味的复古家具与各式各样的绿色植物协调搭配，造就舒适的家，在其中随处可见各种艺术品与手工制品。

大森说道："与其说我有意地去装饰，不如说我是想把自己喜欢的东西摆在身边。"

例如，在三楼起居室墙上挂着的老照片，就是大森在古董商店里买椅子的时候"正好看到照片里的椅子和想买的椅子一模一样"便买下的。厨房的墙上贴着他喜欢的插画，是从旧外文书上撕下来的，柜子上摆着日式点心的模具与画日本传统画所使用的调色板。

大自然的产物也是能够触动大森内心的艺术品。

"将形状正好的小石子盛放在旧木碟子里，将剪下来的花做成干花，装在花瓶中或是点缀在天花板上。起居室就是我的工作室，这样一抬头就能看到这些别具新意的小物件，一边随意看着一边作画。"

我家的复古与原生态装饰

大森的家

理念：复古与自然风格的物品　地区：日本东京　房屋面积：89.5m²
户型：一室一厅　家庭成员：2

——

被自己喜欢的物品所包围着，会有种在自己家里的安心感

旧扑克牌也可以作为一种装饰物

将老旧的扑克牌放在木制的器皿中，再添置干花。把旁边的小石子漆上涂料，用麻绳捆起来。

厨房

将装饰物摆放在最容易取放的位置

厨房中采用裸露的混凝土打造个性的印象。"我是从料理台墙上的白色灯架开始一点一点地装饰这一面墙的"。如今墙上已经摆放了绿色植物与日式点心的模具。餐具橱来自"Tsé&Tsé associées"品牌的"印第安风格餐具橱",里面摆放着平时常用的餐具。

油烟机也装饰美观

在油烟机上摆放的木雕小象,是喜爱旅行的祖父带给她的小礼物。后面是在古董商店买到的小木板,用处不明,但总觉得很有趣。

编制纹路美丽繁复的竹笼屉装饰在固定的位置上

在松本工艺品展销会上买到的,源自"工人船工房"的竹制笼屉。可以盛放荞麦面与乌冬面,还可以给洗净的蔬菜沥水。将这件既美观又实用的物品摆放在墙上,也作装饰用。

在中间张贴上画作，保持视觉上的平衡

大森喜欢各种插画，便把旧的外文书中喜欢的插画用遮蔽纸带贴在墙上。"我先将画贴在中央，再在周围布置其他纸张与小物品。"

在清洁后容易晾干又易于取放的位置上摆放这些物品

最小的物品是在"isado工作室"买到的，其他的是在合羽桥工具街和世田谷观音的早市上买到的。越是经常取用的东西，越要放在顺手的位置。

根据是否便于看到以及整体观感，在厨房中安置了钟表

与"SEIKO"品牌联合制造的挂钟于"PACIFIC FURNITURE SERVICE"购入。"考虑到整体装潢的视觉平衡感，才将它摆在了这里。"

将蜜月旅行时的回忆摆放在小桌上

这些是蜜月旅行时在法国买到的古董衣钩。"虽然还没有机会用上它们，但觉得以后总会派上用场，于是便将它们好好地摆在了这里。"大森说道。

卧室

将古董椅作为花架，上面摆放着各种植物

在"JIPENQUO"购入的这把椅子并不经常用来坐，而是一直用作花架。"我想将卧室布置成更舒适的空间，绝不能少了这些植物作为搭配。"

将帽子放置在古董烛台上

在古董商店里买到的非常实用的帽子，将它们收纳摆放在卧室的镜子前。"觉得在JIPENQUO买到的烛台高度正好，就用它来放帽子了"。

挂着不同季节经常穿的衣服

将在"JIPENQUO"购入的立式衣架摆放在卧室中，将不同季节经常穿的衣服挂在上面，还精心搭配了应季的包。

盥洗室

洗衣机与洗衣篮都是白色的直线型设计

浴缸的对面是洗手池与洗衣机。洗手池的周围也统一了白色色调。大森说她"很喜欢这台洗衣机简洁小巧的设计"，白色的洗衣篮购自"无印良品"，简单直线的轮廓令人心情愉悦。

浴室

混凝土房间中的浴缸与各式容器也都是白色

鲜明的原浆混凝土墙壁打造而成的一楼浴室，简单摆放着一个浴缸。大森表示"我希望凸显浴室的整洁度，于是将所有物品都统一成白色"。装洗发水与护发素等的空瓶都购自"无印良品"。

　　二楼的卧室中摆满了各式各样具有年代感的家具与摆设，令人怀旧而安心。而从浴缸到洗发水的瓶子则统一采用简洁的外形，塑造整洁统一的印象。

　　摆放着古董衣钩的小橱柜、单独摆放着的浴缸等家中各种细节，即便不是艺术品，也都散发着浓厚的艺术气息。

　　"将房间内摆放得稍显零散也别有一番风味，通过为植物换水换气，让室内始终保持空气清新，就像有风拂过。这样能够让家人生活得更加舒适惬意。"

因为十分喜欢"猫和老鼠"，于是便在墙上打造了一个凹槽，自己动手做了一个小木门，小小的门把手是衣服的纽扣。这扇小门生动逼真，好像杰瑞随时都会跑出来一样。

餐厅与厨房

（上图）开放式的岛型料理台上安装着遮挡用的玻璃挡板。右手边的门后放着冰箱，从正面则看不出里面装着什么。（下图）"PACIFIC FURNITURE SERVICE"品牌的餐桌搭配荷兰制造的复古餐椅。

我家的
日常用品

中野的家

理念：日常用具　地区：日本爱知　房屋面积：113.3m²
户型：三室一厅　家庭成员：3

—

将房间全部用自己喜欢的东西装点
起来，每天都心情畅快。为了让家
人取用方便，物品就近摆放。

**蓝色的编织手提袋中装有从
图书馆借来的书与遥控器**

沙发旁边放置的编制手提袋中
装着遥控器和图书馆借来的
书。"这样就不用费力去找了。"

**为遮挡住厨房，设置了玻璃
挡板**

"这样即使厨房的料理台上较
乱，隔着挡板看起来也会很整
洁，"中野这样说道。

厨房

**置物架在日常使用中兼备了
装饰效果，一眼望去都是自
己喜欢的物品。**

料理台上的置物架。"Browns"
的茶壶与"Peugeot"的咖啡豆
研磨机、"turk"的平底煎锅等兼
具实用性与美观的物品，都用作
装饰来摆放。将调料等物品都
装进玻璃罐中，放在料理台上。

**将根菜类蔬菜都装在木制托盘中，
大米则装在白色珐琅质容器中**

水槽下摆放着装有根菜类蔬菜的木
制托盘。"我不太喜欢市面上卖的米
柜"，于是换用了珐琅质的容器。

起居室

沙发后面是壁柜，沙发与矮桌的配色都是茶色系

想要一个皮革沙发，便从法国买下了它。沙发与"PACIFIC FURNITURE SERVICE"的矮桌色调相一致，整体房间色调和谐统一。

儿童房

孩子房间的家具，选用经久耐用的古董

左图是生孩子之前还在使用的古董餐车，因为它没有盖子，正好可以用来整理和摆放孩子的玩具。现在已经摆上了各式各样的玩偶。

右图是生大女儿时为整理小孩的衣服和玩具而购买的古董橱柜。

两年前，"无论是收拾东西还是打扫房间都不擅长"的中野开始建设新家时最迫切的要求就是"要有足够的整理空间"。

"一旦有了小孩，一天中的大部分时间都会在起居室度过。而为了不让起居室因为摆放了各种东西而显得杂乱，我特地要求装修工人为我们打造一个壁橱"

将食材、家电、玩具等等容易显得杂乱的日常用品隐蔽地整理起来。将造型美观的茶具与古董咖啡研磨机等自己喜欢的物品都摆放在置物架上。于是便打造成了这样，既能享受被自己喜欢的物品所环绕，家里又整洁干净。

为这个给人以稳重印象的家带来趣味的，就是中野还在单身时就很喜欢的古董家具。这些家具既能实际用作收纳，也可以作为装饰点缀家中。

"我个人是很喜欢能够经久耐用的家具的，所以也想让我的孩子了解到这些古董的韵味与它们的优点。"

于是中野并没有为孩子们特地准备只能使用一段时期的儿童专用收纳家具与学习桌。

"两个孩子使用的桌子都是我们从新婚时就使用的餐桌与工作桌。家具与收纳用品都不仅仅发挥着单一用途，我会挑选一些能够有多种用途的物品。"

一些食材也同样装在简易收纳箱中，盖上盖子放在橱柜的下层

壁橱的右半部分用作整理厨房用品。意大利面与风干食材与咖喱粉等都装进美国制造的"简易收纳箱"中，盖上盖子放入沙发后的壁橱。

孩子的玩具都放在容易取放的简易收纳箱中

将玩具与学习用具等孩子的物品都放入收纳箱中，同时准备几个空的箱子，可以用于学期末时装一些绘画用品与练字用品等，一并拿回家来。

最方便取用的中层放一些经常用的物品，上层放杯子与碟子

中层对于孩子也一样便于取放，就放置一些平时经常用的餐具。上层则放一些自己喜欢的杯子与碟子，喝茶时用。

下午茶时将整个篮子都拿去厨房

为了能够享受下午茶时光，将经常喝的茶叶都准备好放在篮子里，摆成随时能取用的成套用品。要喝茶时就能将整个篮子都拿去厨房。

将家中常备的药品都放进盒子中，放在便于取用的壁橱下层

能放入多个饭团的食盒，正好用来放置家中常备药。盒子篮子一类物品都放在壁橱下方的三层储物格中，便于取用。

右半部分是厨房用品，左半部分是孩子的用品

靠近厨房的壁橱右半部分，放置一些厨具或是食材等用品；左半部分放置孩子们的用品，为方便取用，把它们装在收纳箱里。

造型美观的工具不仅可以用做装饰和收纳整理，还能够方便取用

（右上图）安装在天花板上的悬吊式挂钩能够利用更多空间来放置这辆公路自行车。不占用空间，自家的狗狗们也很喜欢这一处开阔的地方。

（左上图）考虑到家人各自的身高，上三层用作夫妇二人的鞋柜，其下是大女儿的鞋柜，最下层是小女儿的鞋柜。

（左下图）在房间一角的墙上安装固定把手的壁挂式固定夹。"是丈夫在墙面上钻孔并用螺丝将'crawford'的壁挂式固定夹安装上去的"。在上面摆放扫帚、铁锹之类不好随处摆放的清扫用具，看上去清爽整洁。

玄关

"这样可以让自家的狗自由出入"。在玄关处留出较大的空间，在"G-PLAN"格子柜上方的墙面上安装了有孔面板，摆放着丈夫喜爱的梯凳与各式各样的工具。下方的收纳柜是从美国亚马逊网站购买的crawford公司的制品。

将古色古香的锁柜作为鞋柜，在木制的橱柜中放置清洁用品与床上用品

在玄关中放置从名古屋的"吹上古董商店"购置的锁柜，作为一家人的鞋柜。在上面装饰干花，增加其柔和感。

CHAPTER

9

现代设计

伊玛里·塔佩瓦拉?

布吉·莫根森?

经典设计与家装用语

从大受欢迎的名家之作和古董家具,
到家的结构与材质、内部装修材料、灯具等,
深入了解家装领域所必须的专业用语。

现代设计

包豪斯派
Bauhaus

1919年创办于德国魏玛的包豪斯综合设计类大学，其艺术创作追求与德国工业背景适应的生产与生活方式，产生了一种新的艺术思维——简化设计并实行量产。虽然1933年受到纳粹影响被迫关闭，但包豪斯的理念在之后仍旧为设计界带来了重大影响。

勒·柯布西耶
Le Corbusier
（1887-1965年 / 瑞士）

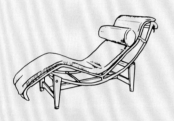

LC4 躺椅
LC4 Chaise Longue（1928年）

世界知名度最高的椅子。是在柯布西耶工作室成立之后，为美国数学家丘奇的住宅设计，由柯布西耶的助手夏洛特·佩里安完成。设计师本人称其为"为休养而生的机器"，是20世纪椅子的代表作。

LC2 大安乐沙发
LC2 Grand Comfort（1928年）

柯布西耶作为近代建筑界三大巨匠之一，被认为是"与众多建筑息息相关的人物"，他设计出了许多后世名作。这个名字意为"大而舒适"的作品，由钢制骨架与5张坐垫组合而成，2016年在上野"东京国立西洋美术馆"作为世界遗产展出。

密斯·凡德罗
Mies van der Rohe
（1886-1969年 / 德国）

巴塞罗那椅
Barcelona Chair（1929年）

专为西班牙国王设计的椅子，在1929年的巴塞罗那世博会德国馆展出。充满现代的高级设计感，易与各种风格适配的现代设计杰作。凡德罗的一句"少即是多"也成为名言。

马塞尔·布劳耶
马特·斯坦
（1902-1981年 / 匈牙利）

塞斯卡扶手椅
Cesca Arm Chair（1929年）

这款简约形态的椅子使用了悬浮式的悬臂设计，木制框架加上藤编的靠背。被誉为"世界上设计最仿真的椅子"，其复制品大量上市。椅子以布劳耶养女的昵称"塞斯卡"命名。

瓦西里椅
Wassily Chair（1925年）

这把椅子以当时最尖端的阿德勒公司制造的自行车把手为最初设计理念，利用钢管的可加工性与强韧的张力制成，是世界上第一把钢管椅。是为包豪斯学院的教授瓦西里·康定斯基而设计的。

马特·斯坦
Mies van der Rohe
（1899-1986年 / 荷兰）

悬臂椅
Cantilever Chair（1933年）

是世界上最早设计出的悬臂椅的结构。悬臂，即由单侧支撑全体。为实现悬空而坐而设计的。由一根钢管弯曲而成，因其新颖的设计形态而崭露头角。

世纪中期现代主义

Mid-Century

1940-1960年时期的现代设计风格，是家装领域的黄金发展时期。在此时期，诞生了来自世界各地的设计杰作。二战之后，人们的目光逐渐转向了生活用品，也相继发明了塑料与人造橡胶，随着这些新型材料的发明，以木质材料的新型加工方法制成的座椅也得以加速发展。

芬·尤尔
Finn Juhl
（1912-1986 年 / 丹麦）

45 号安乐椅
No.45 Easy Chair（1945 年）

芬·尤尔的代表作，"拥有世界上最美扶手的椅子"，也被评价为"雕刻式"的椅子。从最初的设计样式中解放出来（将椅子的座板与靠背从椅子的框架中解放出来）。优雅的曲线，追求融为一体的完美包覆，背部线条优雅，享有极高的评价。

阿尔瓦·阿尔托
Alvar Aalto
（1898-1976 年 / 芬兰）

E60 号凳
Stool E60（1933 年）

阿尔托的终极代表作。由以芬兰产白桦木为原料的胶合板制成，是为维普利市立图书馆而制作的。将木质材料弯曲成L字形的"阿尔托凳腿"也成功申请了专利。是轻巧简约，且可以叠放的高实用性作品。

卡尔·马姆斯登
Carl Malmsten
（1888-1972 年 / 瑞典）

莉拉·奥兰椅子
Lilla Aland（1942 年）

被誉为"瑞典家具之父"玛姆斯登的代表作。他在芬兰时，拜访了奥兰群岛的教会，获得了灵感，因此命名。以"消除每一处直角"为理念，其简洁而柔和的设计被全世界所喜爱。

艾伯·科夫·拉森
Ib Kofod-Larsen
（1921-2003 年 / 丹麦）

IL01 安乐椅
IL01 Easy Chair,（1956 年）

哲学性的设计中，包含线条优美的扶手与体积虽小却贴合人体的坐垫，充分考虑了使用感和细节，每一处设计都有其用途。因伊丽莎白女王购买了它，所以也被称为"伊丽莎白椅"，十分受人欢迎。

伊玛里·塔佩瓦拉
Ilmari Tapiovaar
（1914-1999 年 / 芬兰）

咖啡豆单椅
Pirkka Chair,（1955 年）

松木制成的座椅表面，木纹与木节都十分明显，与设计新颖的凳腿形成对比，是十分受人喜爱的作品。在凳腿与椅座相结合处设计了三角形的支架，提高了支撑强度。无论从任何角度观赏，都是一件优美的作品，仅仅摆在一旁就是一件艺术品。这一系列还包括桌子与长椅。

多莫斯椅
Domus Chair,（1947 年）

凸显木制温和而纤细的独创设计，赢得了众多粉丝的喜爱，是设计师的代表作。这款椅子原本为赫尔辛基学生宿舍而设计，也被用于芬兰的多处公共设施。木头的优美曲线贴合着身体，满是怀旧感。

凯尔 · 柯林特

Kaare Klint

凯尔·柯林特于1888年出生，创立了丹麦哥本哈根皇家艺术学院的家具设计系，1924年担任教授及系主任职位。他改变了丹麦过去的设计样式，将"再设计"的理念广为传播，阿纳·雅各布森与布吉·莫根森也深受其影响。

阿纳 · 雅各布森

Arne Jacobson

（1902-1971年 / 丹麦）

最高奖项椅

（Grand Prix Chair）（1952年）

因1957年在米兰三年展上获得最高奖项而得名。贴合身体曲线的椅背与椅座，线条更加纤细，Y形的椅背也分外特别，给人深刻的印象。2008年，由Fritz Hansen公司复刻出品。

7 号椅

Series 7 Chair（1955年）

由7张木制薄板与2张胶合板复合模压而成，设计贴合身体线条。左右较宽的靠背设计，充满安心感。是世纪中期现代主义的代表作，也是最畅销的单品。

蚁椅

Ant Chair（1952年）

为诺和诺德制药公司的员工餐厅而设计，首次用合成材料，实现靠背与座椅一体化，因其椅背酷似蚂蚁而得名。雅各布森将其设计为三条椅腿，而后被设计制造成了四条腿。

天鹅椅

Swan Chair（1958年）

与蛋椅相同，一直以来受到SAS皇家酒店的重用。其舒适优雅的设计仿佛展翅的白天鹅，颠覆了椅子的设计常规。还有沙发相同设计的，同样被用在皇家饭店中。

蛋椅

Egg Chair（1958年）

为SAS皇家酒店的大厅以及接待区而设计，至今仍被用于待客。这款椅子在当时使用了划时代的意义的发泡人造橡胶技术，柔和地环抱人的身体，给人安全感。形如其名，仿佛鸡蛋壳一般别具心裁的曲线设计，很有艺术美感。

水滴椅

Drop Chair（1958年）

1960年在丹麦哥本哈根诞生的"雷迪森SAS皇家酒店"，从建筑物本身到家具、甚至餐具都由雅各布森设计，是"世界上第一座设计而成的酒店"。在这座酒店中，有200把水滴椅，直到2014年，这款椅子才开始在市面上售卖。

莫根森 × 瓦格纳

Morgensen x Wegner

同年出生的两位巨匠。生于丹麦的莫根森与生于德国的瓦格纳，在1936~1938年间都就读于哥本哈根的艺术与工艺学校家具部。设计风格纤细复古的瓦格纳，与风格质朴刚健、作品性价比高的莫根森，两人既是对手，也是好友。

布吉·莫根森

Borge Morgensen

（1914-1972 年 / 丹麦）

腓特烈西亚沙发 2321

Fredericia 2321 Sofa（1972 年）

不设多余的装饰，样式简洁、干净而高雅，简直就是莫根森设计理念的化身。皮革与柚木相组合，经年使用还会打磨出别样的韵味。同系列还包括三人沙发。

1222 餐椅

1222 Dining Chair（1952 年）

椅背与椅座都使用弯曲的胶合板，椅子整体结构都采用曲线，给人温和的印象。设计简洁，柚木与橡木的搭配，美观大方，兼具实用性。

J39 餐桌

J39 Dining Chair（1947 年）

与"西班牙椅"齐名的代表作。应丹麦合作社（FDB）的要求，莫根森花费了5年时间，设计出"面向普通市民的物美价廉的椅子"。椅座采用工匠编制的纸绳制成。

汉斯·瓦格纳

Hans.J.Wegner

（1914-2007 年 / 丹麦）

CH30 餐椅

CH30 Dining Chair（1952 年）

由Carl Hansen & Son公司制造。设计风格简约洗练，更给人以亲和感。椅背上的十字接缝也是设计上的一处亮点。宽椅背的设计，是设计者经由严格的计算做出的实用性方案。

Y 型椅

Y Chair（1950 年）

受中国明朝的木制椅子的启发设计而成，是瓦格纳设计品中最为畅销的名作。整体曲线柔和，椅背线条优美，椅座由天然纸纤制成，而椅子主体则采用山毛榉材质，长年使用会变为焦糖色。这些设计都不让这把椅子引人注目。

"椅"

The Chair（1949 年）

设计者在阿纳·雅各布森的设计公司时的作品。这款最负盛名的杰作，在设计师去世之前就被复制了500把以上。扶手与靠背相连接，形成优美得线条。在美国总统选举议会上，肯尼迪曾经坐过这款椅子，由此让全世界的人都爱上了它。

赫曼·米勒公司

Herman Miller

前身是1905年创立的Star Furniture公司。1923年D·J德普雷以其岳父的名字，将公司更名为赫曼·米勒·家具公司。自从伊姆斯的胶合板制品在1947年获得专利之后，赫曼公司便开始生产世界顶级设计师们的作品。

乔治·尼尔森
George Nelson
（1908-1986年／美国）

—— 查尔斯和蕾·伊姆斯 ——
Charles & Ray Eames
（查尔斯：1907-1978年／美国）
（蕾：1912-1988年／美国）

棉花糖沙发
Mashmallow Sofa（1956年）

由十八个坐垫排列而成，如同波普艺术品一般的沙发。尼尔森自1946年之后，在赫曼·米勒公司工作了两年，培养了查尔斯·伊姆斯与埃罗·沙里宁等一批设计师，使公司成长为世界一流的家具制造商。

贝壳扶手椅
Shell Arm Chair（1950年）

现在使用了新型玻璃纤维材料，目标是"每一处组成部分都可以使用，结实且便宜"。座椅的形状能够将人包围起来，坐感舒适。椅腿的设计有许多种不同的样式。椅子曾经用聚丙烯材料制造，在2014年时，公司最早推出了玻璃纤维材料。

胶合板餐椅（伊姆斯曲木餐椅）
Plywood Dining Chair（1945年）

直到1945年胶合板的3D曲面制作成功实现，这款曲木餐椅才得以被高质量地批量生产，迄今为止，这把椅子都在生产，是经久不衰的名作。美国《时代》杂志将其列为"20世纪最卓越的设计"，在纽约近代美术馆中永久收藏。

埃罗·沙里宁
Eero Saarinen
（1910-1961年／美国）

郁金香椅
Tulip Chair（1956年）

沙里宁生于芬兰，13岁时前往美国。在大学里结识查尔斯和蕾·伊姆斯，并与二人成为好友。在当时，这是世界上首次采用一条椅腿的设计，可以说是颠覆了以往椅子的设计理念。纽约肯尼迪机场美国环球航空公司候机楼内的椅子也使用了这样的设计。

伊姆斯休闲椅
Lounge Chair&Ottoman（1956年）

足以被称为现代设计的代表。受设计师的友人——导演比利·怀尔德委托而设计的作品。线条设计与身体贴合，人躺在上面被舒适的皮革所包围，幸福至极。赫曼米勒公司至今仍在生产这款休闲椅。

贝壳单椅
Shell Side Chair（1953年）

贝壳椅原本就主打"舒适"与"多样性"的特点，而这款木制腿的椅子与地板十分贴合，最近也成为大受欢迎的家居单品。2010年起，由赫曼米勒公司在设计上做了改动，将椅子腿部换成了自然木质的颜色。

意大利现代风格
Italian Modern

实用，简洁，没有一丝无用的设计，这就是"意大利现代风格"的特点。

马里奥·贝里尼
Mario Bellini
（1935-/意大利）

Cab Arm Chair
Cab 马鞍皮椅（1977 年）

意大利建筑·设计界的巨匠贝里尼的代表作。在金属骨架之上覆盖上好的鞣皮，是一个划时代的设计理念。实现了高贴合度与高舒适度的结合。

维科·马吉斯特提
Vico Magistretti
（1920-2006 年/意大利）

毛伊椅
Maui Chair（1966 年）

曲线简单优雅，颜色上也有多种选择，高强度、高耐久度，在办公室与咖啡厅中十分受人欢迎，是卡特尔公司至今为止最为畅销的产品。

吉奥·庞蒂
Gio Ponti
（1891-1979 年/意大利）

"超轻"椅
Superleggera（1957 年）

庞蒂被称为"意大利现代设计之父"，创建了建筑设计界首家杂志《多姆斯》。这把椅子的重量仅有1.7公斤，将椅子的实用性与美发挥到极致的畅销单品。

日式现代风
Japanese Modern

与夏洛特·佩利安、查尔斯·伊姆斯等设计师进行理念交流，提高自己在椅子设计方面的水平，再结合日本的素材与技术及其独特的文化，这才诞生了许许多多的日本名作。

水之江忠臣
ちょうだいさく
（1921-1977 年/日本）

Chair
（1954 年）

在进入前川国男建筑工作室之后，水之江忠臣又担任了神奈川县立图书馆的装潢设计师，而这款椅子就是为图书馆阅览室所设计的。在此之后又生产了100多把上市出售。

柳宗理
やなぎ そうり
（1915-2011 年/日本）

蝴蝶椅
（1956 年）

作为家具的杰作之一，被MoMA（纽约现代艺术博物馆）列为永久收藏品。由2张合成板组合而成的结构，好似蝴蝶振翅而飞。柳宗理是对日本战后工业风格设计界做出最杰出贡献的设计师。

渡边力
わたなべりき
（1912-2013 年）

鸟居凳
（1956 年）

柔韧温和的设计感，是颠覆藤制家具的一大里程碑式作品。1957年在第11届米兰三年展上获得金奖。自上市起，50年来始终居于畅销之列。

16 世纪以来英国设计风格的历史变迁

	统治者	风格划分	样式	常用材料	其他西方国家
16 世纪	亨利八世 （1509-1547）	都铎时期	哥特式	橡木	文艺复兴式（意大利） 文艺复兴式（法国）
	爱德华六世 （1509-1547）				
	苏格兰女王玛丽一世 （1509-1547）				巴洛克式（意大利）
	伊丽莎白一世 （1509-1547）	伊丽莎白时期			
17 世纪	詹姆斯一世 （1603-1625）	雅各宾时期	文艺复兴式	胡桃木	巴洛克式（法国）
	查理一世 （1625-1649）				
	共和时期	克伦威尔时期			
	查理二世 （1660-1685）	王政复辟时期	巴洛克式		
	詹姆斯二世 （1685-1688）				
	威廉三世&玛丽二世 （1689-1702）	威廉&玛丽时期			洛可可式（法国）
18 世纪	安妮女王 （1702-1714）	安妮女王时期			殖民地风格（美国）
	乔治二世 （1714-1727）	早期乔治王时期	洛可可式	桃花心木	
	乔治二世 （1727-1760）				
	乔治三世 （1760-1820）	乔治王时期	新古典主义风格、折衷主义风格等		帝国风格（法国）
19 世纪	摄政统治	摄政时期			比德迈风格（德国）
	乔治四世 （1820-1830）				
	威廉四世 （1830-1837）				谢凯尔风格（美国）
	维多利亚女王 （1837-1901）	维多利亚时期	工艺美术风格		工艺美术风格（法国）
20 世纪	爱德华七世 （1901-1910）	爱德华时期	现代风格		

古典风格
ANTIQUE

装饰艺术

1920~30年间流行的设计风格。以流线型与几何图案为设计主题，重视实用性。这种简约派的设计以将新艺术简化为目的，后逐渐发展为现代设计风格的源头。

新艺术

19世纪末~20世纪初在欧洲与美国流行起来的设计风格。简洁而多用波浪式的曲线，其特点是多以植物为设计主题。

古董

指的是古董与艺术品，多指二次大战之后制作出来的物品。然而在进口关税的有关条文中，距今100年以上的物品才被定义为古董。

复古类

制作至今未满100年，因经年使用而增添其风韵。

收藏品

虽不是制造至今超过100年的古董，但又不能简单称之为旧物，在美国普遍称为收藏品。

旧物

二手用品等不怎么值钱的东西。指经过长年使用而失去效用的家具或是器具等，也可以指失去效用的部件与二手用品组合制作的物品，不属于正规的家装用品。

BROCANTE（法语：旧货）

在法语中指旧货，以欧洲古董为主。

复刻品

将版权到期的物品经非正规制造商生产的物品。在英国多为忠实原版的构造与细节进行复制，日本则是制作成复古风格的家具，价格一般不高。这种家具也被称为"非注册品"与"复制品"

18 和 19 世纪家居风格

至今仍受人欢迎的家装风格

欧洲家具里的"古董品"，指17世纪后半叶的法国洛可可风格以后的家具。这一节介绍目前备受关注的欧洲家居风格。

比德迈风格
Biedermeier
（19 世纪前半叶 ~/ 德国）

19世纪前半叶，在德国和奥地利流行的家具样式。具有反贵族的风格，却仍旧保留着优美的线条，不再进行过多的绚丽装饰，忠实材质本身的优点。风格简洁、注重实用，受到社会现实的影响。

谢拉顿风格
Sheraton
（18 世纪后半叶 ~/ 英国）

18世纪后半叶至19世纪前半叶，以英国家具制造家托马斯·谢拉顿为代表的家具样式。加入了垂直线条，装饰主题轻快，以玫瑰、壶、花朵装饰为主，家具腿较细。

齐本德尔风格
Chippendale
（18 世纪中叶 ~/ 英国）

由英国家具制造家托马斯·齐本德尔制作的18世纪中叶的家具，风格受法国贵族的洛可可风格与中国韵味的影响，兼具华丽与高贵、实用性与观赏性的设计风格。

流行古董品

至今仍受欢迎的古董家具

为您介绍至今仍旧受人欢迎的古董家具，以北欧为首的现代风格家具设计师与大众家具制造商也受其影响。

劳埃德编织椅
Lloyd Loom Chair
（1917 年 ~/ 美国）

917年，马歇尔·B·劳埃德发明了一种由特殊的纸缠金属丝工艺，编织而成的家具1922于英国生产发售，一时轰动世界。

谢凯尔椅
Shaker Chair
（18 世纪后半叶 ~/ 美国）

英国的清教徒为躲避迫害而逃到美国东北部。在当地定居后，制作出风格简朴的椅子。靠背呈梯子状，椅座由柔软的棉质带子编织成黑白相间的方格纹。

温莎椅
Windsor Chair
（17 世纪后半叶 ~/ 英国）

17世纪后半叶，由农民伐木制成的椅子逐渐改良而来。不加贵族式的华美装饰，结实而毫无浪费的设计风格，经过多次改良发展至今。靠背处多根辐条的设计为其主要特点。

公共古董品

用于公共设施的热门古董品

学校、教会、咖啡厅、饭店等所使用的椅子，设计与结构上都追求简洁大方耐用，实用的椅子更受欢迎，也有许多样式进入人们的家里。

桑纳椅
Thonet Chair

用在1842年获得专利的"弯曲木"技术制造的椅子。由山林附近的工厂就地生产，再由另外的企业负责销售，如此得以大量生产。1859年生产的"14号椅"最为畅销，至今仍在生产。

教堂椅
Church Chair

由于19世纪在教堂广泛使用而得名。椅背上有十字架造型与附带圣经箱的款式十分受人欢迎，椅腿下方横向设置的两条细横木，方便让身后的人放置物品。

课椅
School Chair

为学生上课设计的椅子，因此得名，近年来人气高涨。不同国家不同时代的课椅款式各有不同，但大多数都是设计简单、耐用，并且可堆叠。

Ercol

公司

1920年，家居设计师卢西恩·厄尔科兰尼（Lucian Ercolani）在温莎家具的发源地海威科姆创立了手工木制家具制造公司。其纤细而美观的设计风格受到人们的欢迎，而如何打造如此精致的风格，至今仍是不得外传的秘密。

温莎餐椅
Windsor Kitchen Chair

又称为"辐条椅背椅"，常年热销。椅背上的辐条固定在椅座之下，背影十分优雅。简洁、质轻又结实耐用，最适合用作餐椅。

叠椅
Stacking Chair

1957年设计出的，可堆叠放置的椅子，设计追求简单实用。在英国曾作为课椅而广泛生产，并改制出各式各样的款式，今天这款椅子在英国已成为课椅的代名词。

温莎贵格会椅
Windsor Quaker Chair

将一根木材弯曲成拱形，是这款椅子最大的造型特点。因其椅背高、坐起来舒服，多用于餐椅。与各种风格的家具都能完美搭配。

躺椅（couch）
有单侧扶手或两侧低扶手的、用于休息的椅子。

脚凳（ottoman）
垫脚用的凳子。座椅整体用布或皮革包裹，适合放置在沙发或是安乐椅前。有厚坐垫的长凳也被称为"ottoman"。

伸缩桌（extension table）
可以改变桌面尺寸的桌子。根据结构的不同，也被称为"蝴蝶桌（butterfly table）"（翻板桌）与"抽叶桌（draw leaf table）"。

翼椅（wing chair）
两侧带有护翼的椅子。属于高背椅的一种，在靠背上部向两侧延伸出护翼一般的挡板，特地为休息而设计的椅子。

安乐椅（easy chair）
椅背向后倾斜，有扶手的休息用椅子。与普通的椅子相比椅座更低，座位的角度与扶手的宽度都更大。椅背倾斜角度更大，舒适度更高。

无扶手椅（armless chair）
两侧没有扶手的椅子

扶手椅（armchair）
两侧有扶手的椅子

可堆叠椅子（stacking chair）
可以堆叠的椅子。便于整理收纳与搬运。

橱柜/餐具橱（cupboard）
摆放在起居室横宽而矮的橱柜。也指餐具橱。

侧边桌（side table）
沙发或是椅子旁边摆放的辅助用的小桌子。

蜗形腿台桌（console table）
靠墙放置的小型装饰性桌。18世纪初用于放置花瓶与胸像等装饰物的桌子。

收纳桌
桌面采用玻璃质地，桌板之下的空间可以用作放置物品与摆设。

衣橱（closet）
主要用来放置衣物的一处空间，一般内里较浅。

陈列柜（cabinet）
餐具橱、装饰架、橱柜、储藏柜等整理用的家具。

碗柜（cupboard）
整理餐具用的柜子，也兼具分隔空间的用途。

套几（nested table）
相同形状、相同样式但不同大小的一套桌几，能够用套匣收起来，使用时可以拿出来。

轻便折叠躺椅(deck chair)
将棉麻等厚质平织布蒙在木框或金属管框架上制成的折叠式扶手椅。

坐卧两用沙发（daybed）
可以当作床使用的沙发

轻便扶手折椅（director's chair）
用帆布盖上木制框架制成的可折叠的椅子，也称导演椅。

收纳箱（chest）
用来整理收纳衣服与小物品的箱型家具，现在也指带抽屉的收纳家具。根据其高度不同被分为高收纳柜与矮收纳柜，也有高度及腰的长凳柜。

沙发床（sofa bed）
将靠背放倒就可以变成一张床的沙发。

凳子（stool）
没有靠背与扶手的椅子。用于化妆台前或其他辅助用途。座高的凳子被称为高脚凳。

摇椅（rocking chair）
可以前后摇动的椅子。

靠背可调节座椅（reclining chiar）
可以调节靠背角度的椅子。

双人座椅（love chair）
可以坐两个人的沙发。有座椅斜对的款式，也可并排坐的样式。

置物架（rack）
摆放物品的台面的统称。

书柜书桌（writing bureau）
下方是收纳箱，上方是带门的柜子，可用作书柜或是摆放陈列柜，将柜门拉开就是能够写字的书桌。

组合式家具（unit furniture）
可以将箱子、置物架、抽屉等部件进行自由组装的家具。

小酒馆圆木桌（bistro table）
圆形桌面、单条桌腿的小型桌子。

蝴蝶桌（butterfly table）
伸缩桌的一种，在桌子的一侧或两侧装有翼板，可以像蝴蝶翅膀一样在使用的时候展开。

室内装修要素

INTERIOR ELEMENTS

压顶木
扶手或围墙上端横搭的木头。

装饰品（object）
主要指那些具有艺术性的物品。

暗挂板
和室中位于壁龛正面上方的挂镜线上部墙壁下端的横木。

凹室（alcove）
将房间墙壁挖出凹室（alcove）指的是与地面平齐处的墙面凹陷处，壁龛（niche）指的是墙面上面积较小的凹陷处。

通道（approach）
从路上通往各家玄关处的通路。玄关前屋檐下的一小处停车的地方叫做门廊（porch）。

阁楼（attic）
利用屋顶之内的空间构建出的房间。一般为专为自己兴趣而设置的房间或是儿童房。法语中称作grenier，意为用于放置杂物或是仓库的顶层房间。

卫生间（sanitary）
一般指洗脸池与浴室、厕所等集合为一体的房间。

公用品
公共设施中的物品，包括地毯、窗帘、家具等。

温室（conservatory）
为植物保暖的屋子，18世纪时在英国发明。现在不仅可以用来养植物，还根据其原理设计出了为人保暖的温室。兼备室外的开阔感与家中的舒适感。

檐口（cornice）
在墙上划分区域的带状装饰物。经常使用在西洋风格的建筑与家具设计中。

腰壁板
上部为布面，下部为木板或合成板，上下材质不同时这个词多指下部分。

手工艺品（craft）
手工制成的作品；工匠手作的物品。

成套元件（kit）
组装成套家具或是模型时使用的零件，也指成套的工具。

私室（den）
光线偏暗的房间，或是为个人爱好设置的房间，小巧而私密。原本指隐蔽的居所和洞穴。在北美地区的住宅中多有此布局。

凹室装饰柱
凹室与其旁侧的分界处的装饰柱子。

壁龛踢脚板
在和室的壁龛内与地板形成高度差的横木。

挂毯（tapestry）
挂在同一建筑空间内借助楼梯使地板形成半层的高度差，同时保证房间的整体性，设计成视野更开阔，更有立体感的空间。

书院式客厅
在书院式日式房间中是十分重要的构成要素。分为附书院与简式附书院。

吊扇
扇叶呈螺旋桨状，起到扩散天花板附近空气的效果。

房梁
为支撑房屋或是上层的重量而架在天花板上的横木。装饰用的房梁与后添加的房梁统称为"装饰梁"。

踢脚板
在墙壁最下端与地板连接处的横木，凸显出墙壁与地板的分隔，能够保护墙壁下沿免受脏污与划伤，多由木板与聚氯乙烯塑料制成。

露台（balcony）
向建筑物外侧凸出的、悬空且无屋顶的室外空间。在一层的称为平台（terrace），带有屋顶的则称为阳台（veranda）。

中庭（patio）
在西班牙的建筑物中很常见，建筑物环绕其周围，内设置喷泉或者水井。

浴室露台（bath court）
能够乘凉避暑而在浴室之外设置出的空间。

私人角落（nook）
原意为隐蔽的空间。为简餐、喝茶或做一些自己有兴趣的事而设置的空间。

壁龛（niche）
凹陷进墙壁内的空间，用于摆放花瓶等物品。

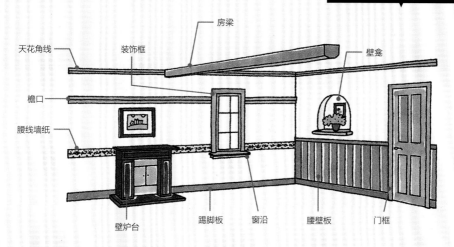

房梁
天花角线
装饰框
壁龛
檐口
腰线墙纸
壁炉台
踢脚板
窗沿
腰壁板
门框

日式房间的构造

书院格窗
暗挂板
天花板支撑梁
梁撑天花板
天花板边框
上横档
壁龛
顶柜
壁龛装饰柱
博古架
壁龛地板
地柜
和式飘窗
壁龛踢脚板
地柜地板
地板

杂物室

处理洗衣、熨衣等家务活的地方。是主妇做家务时使用的单间。

装饰线条

框缘与顶棚周边框等建筑、家居所使用的带状装饰。

跃层式公寓（maisonette）

在中高层的集合式住宅中，由2层以上构成的住宅。

用水的场所

厨房、洗脸台、厕所、浴室等需要用水的地方。

壁炉台

壁炉上方的台子，炉膛周围装饰的边框。

天花角线

天花板与墙壁之间的横木。可以使天花板与墙壁之间的边界处更为美观。

楼梯井

在两层以上的室内设置的空间，一直通向房顶。在天花板高的住宅中运用这种布局能够营造出开阔的氛围。

家装材料
INTERIOR MATERIAL

中密度纤维板（MDF）
将木质的细小纤维经高温高压形成的板材。表面平滑，加工度高，多用作家具与建筑用具的内置材料。

S型弹簧
将钢线弯曲成S型，做成弹簧，用于椅子与沙发靠背底部与椅座上。

聚氨酯泡沫塑料
将聚氨酯树脂进行发泡，形成的海绵状的填充材料，多作为椅子与沙发的填充材料。

聚氨酯涂漆
将聚氨酯树脂涂料用于喷涂上的工艺。可以在家具表面形成一层透明有光泽的涂层，防止划伤与污渍沾染，防水耐热性强，便于保养。可以改变木制品本身的触感。

复古工艺
经过人工处理，使物品看上去更有年代感的加工工艺。

丙烯酸涂漆
主要成分为丙烯酸树脂的涂料。速干、牢固不易剥落，广泛应用于家具涂装领域。

墙纸
包含纸质、化纤质、布质等多种材料。有丰富的配色与花纹可选。

PVC地板
聚氯乙烯涂装的地板材料,防水性强，多用于厕所等用水的房间。

帆布
使用棉麻材质的平织物。多铺于椅座处。

门锁
在门关闭的状态下防止门打开的金属工具，有使用弹簧与磁铁的款式。

木质地
不施任何涂料，展现木制品本身的纹理与触感。

油性着色剂
木材的着色剂。将挥发性溶剂与颜料、亚麻仁油等混合在一起形成的涂料。能够深入到木质材料的内部，着色后不会遮盖木质纹路。

油性涂装
以亚麻仁油与天然树脂作为基础的油性涂料。不会形成涂层膜，能够显出木质的纹路，但也因此不耐划伤。

灰浆
泥瓦匠使用的材料。将海萝、角叉藻等黏性物质加入到熟石灰中，再加水充分搅拌而成。具有调整湿度的功能，能形成泥瓦工艺材料独有的风韵与怀旧感的纹理，如今人们重新认识到它的优点。

胶合板
将削薄的木板按木质纤维方向垂直叠加，黏在一起而形成的板材，包括木材薄板，夹板等。

人造皮革
由合成树脂人工合成的类皮革材料。不会变色，耐污性强，但比起天然皮革，透气性与吸湿性都较弱。

饰面胶合板
为使胶合板更加美观，对其表面加工制成的板材。将质地形状优良的木板削成薄板，粘贴在表面，可以制成木制饰面胶合板。

硅藻土
海洋与湖泊中生活的硅藻尸体的沉积物化石化形成的土质物。不含任何有害物质，属于对身体有益的建筑材料。其颗粒上有无数细微的孔洞，因此隔热性、保温性、隔音性、排湿性都很好。

层积材
将厚度为2.5~5cm的块状木材，按照顺纹维方向粘贴制成的胶合板。价格较低，强度均一。经常用于门框处与家装的结构性部分。

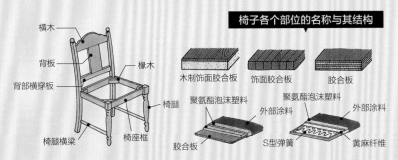

椅子各个部位的名称与其结构

横木　背板　椽木　背部横穿板　椅腿　椅腿横梁　椅座框

木制饰面胶合板　饰面胶合板　胶合板　聚氨酯泡沫塑料　外部涂料　胶合板　聚氨酯泡沫塑料　外部涂料　S型弹簧　黄麻纤维

收纳整理家具各部位的名称与构造

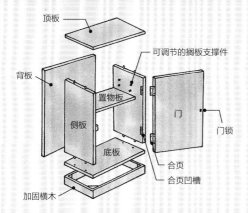

顶板

可调节的搁板支撑件

背板

置物板

门

侧板

门锁

底板

合页

加固横木

合页凹槽

沙发的结构示例

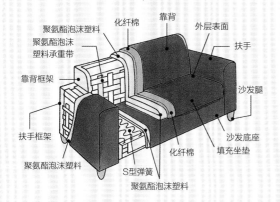

聚氨酯泡沫塑料

化纤棉

靠背

外层表面

聚氨酯泡沫塑料承重带

扶手

靠背框架

沙发腿

扶手框架

S型弹簧

化纤棉

沙发底座

聚氨酯泡沫塑料

填充坐垫

聚氨酯泡沫塑料

滑轨

使抽屉平滑开关的金属工具。滑轨部分加入了能够使抽屉轻松滑动的球形轴承与滚轮，根据抽屉的负重程度不同，还有许多不同的样式。

椽木

椅子的组成部分之一。多使用黏合剂和木制卯榫结构，并加以固定，使座椅框架更牢固。

素木

剥去树皮，不施用任何涂料的木制。

木饰面胶合板

在胶合板上施以装饰性覆盖物，表面为木材削薄制成的一整张的板状物。

合页

作为门板开关轴承的金属工具。

木楔

为防止两处结构松脱而在接合处设置相应的凹槽与凸起部分。收纳整理用家具中，能够调节置物板高度的东西叫做可调节的搁板支撑件。

背板

位于家具背面的板子

饰面胶合板

在胶合板的表面粘贴上经树脂加工的木纹纸。

黄铜

铜锌合金

顶板

桌子与橱柜最上部的板子。

赤陶

不挂釉的陶土烧制品。

打蜡工艺

在天然材料上打蜡，能够渗入木质的内部，也会在表面留下涂层，因此能够防水防污。为保证其效果，需要进行每年1~2次的补涂。

喷漆涂装

将树脂等物加入挥发性溶剂中形成的透明涂料，能够在木质的表面形成涂层。有光泽感，且能够保留木质的手感，但涂层较薄，耐久性不佳。

密胺树脂

塑料的一种。耐水耐热性强，易于加工，用于制作桌面、涂装材料，广泛应用于家具的涂装。

纯木

不施以任何涂层的木材。凸显木质的韵味与手感，价格高昂。但由于其质感干燥，容易反翘开裂。

直木纹

木纹平行，不易反翘开裂。

复合地板

木质系列地板铺砖板材的总称。现在不用一块一块地铺装，而是做成一整片镶板，直接铺装。

照明

LIGHTING

整体照明灯具

将房间整体均匀照亮的灯具，也称作基础照明灯具。

聚光灯

照亮墙壁上的花与置物架上的某个特定物品，打造一处焦点的灯具。聚光性强，能够有效地强调照亮物。

吸顶灯

直接安装在天花板上的灯具。有埋入天花板的样式和在天花板上垂直安装的样式。能够广泛均一地照亮整个空间，用于整体照明。

水晶灯

由多个灯泡组成，垂吊于天花板上的照明工具。

后方照明

安装在天花板与墙壁之间的凹陷处，隐藏光源，利用间接照明将天花板照亮。

荧光灯

通过放电产生紫外线，刺激位于玻璃管中的荧光物质来发光。与白炽灯相比更省电，寿命更长。

间接照明

通过照亮墙壁与天花板反射光线，使光线柔和，具有装饰效果的照明方法。

顶部灯座

用于安装天花板灯具的、带插座的悬吊工具。

卤素灯泡

比一般的白炽灯体积小，光亮更强，能将房间内营造出有强有弱的光照效果。多用于聚光灯与筒灯

白炽灯

发光原理是钨丝高温加热释放光亮。与荧光灯相比，能释放出暖光，能够简单进行光亮调节，但较费电。释放高热，寿命短，价格低。

灯泡形荧光灯

与白炽灯形状相同的荧光灯，比白炽灯的价格高而寿命长。

灯具管道

安装在天花板上的筒灯使用的轨道。灯具可以放置于轨道中的任意位置。

顶灯

镶于天花板上的小型灯具。掩藏在天花板中，设计简洁。

部分照明

不照亮整体而是只点亮部分特定区域的照明方法或照明工具。

落地灯

放在地板上的灯具。

壁灯

安装在墙壁上的灯具。依靠反射光与透过灯罩的光亮进行照明。

瓦特

消耗电量的单位。

勒克斯

照度的单位。

吊灯

利用钢丝或是锁链进行悬挂、从天花板上垂吊下来的灯具。是室内照明灯具中最流行的款式之一。

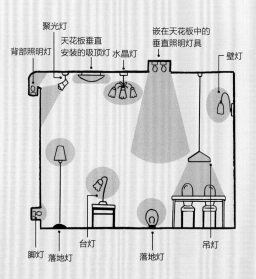

灯具的种类

聚光灯　天花板垂直安装的吸顶灯　水晶灯　嵌在天花板中的垂直照明灯具　壁灯
背部照明灯
脚灯　落地灯　台灯　落地灯　吊灯

果然自己的家是最好的。

图书在版编目（CIP）数据

小家越住越美 / 日本主妇之友社著；徐昕彤译. —北京：中国轻工业出版社，2018.7

（悦生活）

ISBN 978-7-5184-1974-6

Ⅰ. ① 小… Ⅱ. ① 日… ② 徐… Ⅲ. ① 住宅 - 室内装修 - 基本知识 Ⅳ.① TU767

中国版本图书馆CIP数据核字（2018）第103134号

责任编辑：高惠京　杨　迪　　责任终审：劳国强　　整体设计：锋尚设计
策划编辑：龙志丹　　　　　　责任校对：李　靖　　责任监印：张京华

出版发行：中国轻工业出版社（北京东长安街6号，邮编：100740）

印　　刷：北京博海升彩色印刷有限公司

经　　销：各地新华书店

版　　次：2018年7月第1版第1次印刷

开　　本：710×1000　1/16　印张：11

字　　数：200千字

书　　号：ISBN 978-7-5184-1974-6　定价：58.00元

邮购电话：010-65241695

发行电话：010-85119835　传真：85113293

网　　址：http://www.chlip.com.cn

Email：club@chlip.com.cn

如发现图书残缺请与我社邮购联系调换

170641S5X101ZYW